Der Wolf

Haupt

Die Wölfin F18 im goldenen Licht der Morgensonne. Ofenpassgebiet, 19. Oktober 2022.

Heinrich Haller

Der Wolf

Ein Grenzgänger zwischen Natur und Kultur

Haupt Verlag

Umschlag: Die gut siebenjährige Wölfin F18 in der alpinen Höhenstufe im Ofenpassgebiet. 19. Oktober 2022.
Vorsatz: Ein Wolf im gänzlich durch die Natur geprägten Yellowstone Nationalpark in den USA. 9. April 2023.
Nachsatz: Ein Wolf in Ladakh; die Viehherden hinten weisen auf die menschliche Kultur hin. 22. Februar 2023.

Zu den Ortsangaben bei den Bildern: Das oft genannte Ofenpassgebiet gehört überwiegend zum Schweizerischen Nationalpark und befindet sich im Zentrum der Alpen zwischen Zernez im mittleren Engadin und dem Münstertal. Die Landschaft (Gemeinde) Davos liegt in der nordwestlichen Nachbarschaft. Von dort nordwärts über den Wolfgang grenzt die Gemeinde Klosters an, zu der auch das Schlappintal gehört. Alle diese Gebiete sind Teil des Kantons Graubünden in der Schweiz. Diverse Aufnahmen wurden andernorts in Graubünden, im Wallis und im nahen Ausland gemacht. Den großen Überblick liefern Fotos aus der Region Kainuu in Finnland, den Abruzzen in Italien, dem Yellowstone Nationalpark in den USA und aus Hochasien: Ladakh, Tibet und Nepal.

Autor (Bilder und Text): Heinrich Haller
Redaktion: Christian Marti
Gestaltung, Satz: Katarina Lang Book Design
Lithografie: Fred Braune, FdB
Lektorat: Simone Louis
Finanzielle Unterstützung: Zigerli-Hegi-Stiftung, Schweizerischer Nationalpark, Pro Natura

Schriften: Gamut Slab (Hannes Famira), Theinhardt (François Rappo)
Papier: Munken Polar Rough 150 gm^2, Peydur Lissé 135 gm^2

Zitiervorschlag:
Haller, H. (2025): Der Wolf: ein Grenzgänger zwischen Natur und Kultur. Haupt, Bern.

Diese Publikation ist in der Deutschen Nationalbibliografie verzeichnet.
Mehr Informationen dazu finden Sie unter http://dnb.dnb.de.

ISBN 978-3-258-08432-9

1. Auflage 2025 / Nachdruck 2025

Der Haupt Verlag wird vom Bundesamt für Kultur für die Jahre 2021–2025 unterstützt.

Haupt Verlag AG, Falkenplatz 14, 3012 Bern, Schweiz
herstellung@haupt.ch / www.haupt.ch

Verantwortlich in der EU (GPSR): Brockhaus Kommissionsgeschäft GmbH, Kreidlerstr. 9, 70806 Kornwestheim, Deutschland; haupt@brocom.de

Gedruckt in Deutschland

FSC www.fsc.org
MIX
Papier | Fördert gute Waldnutzung
FSC® C022274

Inhalt

Der wilde Hund ist zurück

Der Wolf als Wildtier und Reizthema

Den frühen Morgen des 14. August 2023 werde ich nie vergessen, da er mir eine meiner einprägsamsten Wolfsbegegnungen beschert hat: Noch bei Dunkelheit bin ich mit dem Fahrrad in der Landschaft Davos mit dem Ziel unterwegs, die Entwicklungen beim ersten Davoser Wolfsnachwuchs der Gegenwart zu dokumentieren. Das Rad benutze ich, um am Ausgangspunkt meines Fußmarschs keine Zeichen meiner Anwesenheit im Gebiet zu hinterlassen. Ein abgestelltes Auto wäre zu auffällig gewesen; das Gelände um den Aufenthaltsort von Wolfswelpen muss vor ungebetenen Gästen geschützt und somit geheim bleiben. Im Licht meiner Stirnlampe radle ich voran, bis mich bei Ronggji zwei reflektierende große Augen aus 30 m Distanz anstarren. Ich stoppe sofort, nehme das Fernglas hoch – und bin Auge in Auge mit einem der beiden Altwölfe! Die Umrisse des Kopfs und besonders die aufrecht stehenden Ohren zeichnen sich im Lichtstrahl ab. Ich genieße den Moment im Wissen, dass sich die Szene in Sekundenschnelle verflüchtigen wird. Und tatsächlich entschwindet der Wolf, vermutlich das Vatertier, umgehend mit federnden Sprüngen in der Dunkelheit.

Ronggji oder Rongg ist ein in Davos verbreiteter Flurname; er leitet sich vom rätoromanischen «runcar» (roden) ab und bedeutet eine Fläche, die urbar gemacht worden ist. Vor Jahrzehnten wohnte ich in Davos, war an der besagten Stelle tausendmal vorbeigekommen, hätte aber damals nie daran gedacht, hier in der typischen Kulturlandschaft einem Wolf zu begegnen. Die Vorstellung, wie der Lebensraum für den Wolf auszusehen hat, war zu jener Zeit gewöhnlich eine andere. Dass dieser nicht nur ein Symbol für Wildnis und große zusammenhängende Waldgebiete ist, sondern auch in durch Menschen und ihre Kultur geprägten Räumen vorkommt, war im lange Zeit so gut wie wolfsfreien Mitteleuropa in Vergessenheit geraten. Dies, obwohl in Osteuropa, zum Beispiel in Brașov in Rumänien, Wölfe regelmäßig zur Nahrungssuche in die Stadt vordrangen. Und bereits vor Jahrzehnten, als die italienischen Wölfe noch selten waren, suchten einige von ihnen, die sogenannten Spaghetti-Wölfe, in den Außenbezirken von Rom auf Müllplätzen nach Nahrung. Spätestens mit dem Auftreten von Stadtfüchsen dämmerte die Erkenntnis, dass die Caniden (die Familie der Hunde) äußerst anpassungsfähige Wesen sind, die sich im Umfeld des Menschen gut zurechtfinden können. Nicht umsonst sind die Haushunde, allesamt Nachfahren des Wolfs, zu unseren treuesten Begleitern geworden.

Das den Wölfen und ihren Abkömmlingen eigene Sozialverhalten, ihre dadurch mitbedingte ökologische Toleranz oder besser noch Flexibilität schaffen die Voraussetzungen für eine hohe Plastizität im Umgang mit verschiedenen Lebensbedingungen. Rund vier Jahrzehnte Wolfspräsenz in den Alpen, seit 1995 auch in der Schweiz, haben nicht genügt, um seine ökologische Rolle im Bewusstsein der breiten Bevölkerung zu verankern. Nach wie vor wird der Wolf in die überwiegend menschenleere, weit entfernte Wildnis – wo immer sie sein soll – zurückgewünscht. Dazu ist zu bemerken, dass die oft als typisch erachteten Lebensräume in den riesigen Waldgebieten des Nordens relativ nahrungsarm und deshalb für Wölfe gar nicht so attraktiv sind. Der hiesigen Verweigerungshaltung liegt das Sankt-Florians-Prinzip zugrunde, wonach heikle, unangenehme Situationen nicht selber bewältigt, sondern auf andere abgeschoben werden. Zugegeben, der Wolf ist – nebst dem Menschen – der wirkungsvollste Beutegreifer in Europa und Nordamerika. Das Zusammenleben mit ihm bedeutet eine Herausforderung, primär für die Landwirtschaft, da Wölfe bei Nutztieren Schäden anrichten können. Betroffen sind in Mitteleuropa zumeist Schafe, doch wurden in einigen Fällen auch Übergriffe auf Großvieh verzeichnet. Die bei uns wieder aufgetretenen Großraubtiere sind deswegen bei vielen Menschen unbeliebt. Dabei eingeschlossen sind Jäger, die Beutekonkurrenz fürchten. Manche von ihnen sehen im Wiederauftreten des Wolfs allerdings eine Bereicherung der Natur.

Ab 2013 wurden in den Kantonen Graubünden und Wallis sowie in anderen Landesteilen Vereinigungen gegen die Präsenz von Großraubtieren gegründet. Unter der Bezeichnung «Verein Lebensraum Schweiz ohne Grossraubtiere» (heute «Verein Schweiz zum Schutz der ländlichen Lebensräume vor Grossraubtieren») wurde 2015 eine nationale Dachorganisation zur Unterstützung der entsprechenden kantonalen Bestrebungen geschaffen. Damit sollte die landesweite Dimension des Anliegens deutlich werden. Dass dieses von einem großen Teil der Bergbevölkerung geteilt wurde, zeigte sich 2019 und 2021 anlässlich von Volksabstimmungen in den Kantonen Uri und Wallis. In beiden Fällen ergaben sich Mehrheiten gegen den Wolf. Die kantonale Volksinitiative «Für einen Kanton Wallis ohne Grossraubtiere» wurde bei hoher Stimmbeteiligung mit über 60 % der Stimmen angenommen. Die Umsetzung der Initiative in Form eines Verfassungsartikels verlangte wegen des übergeordneten Bundesrechts zwar eine andere, gemäßigte Formulierung, doch bringt der Titel das eigentliche Ziel unmissverständlich zum Ausdruck.

Durch dieses Manifest und andere Kundgebungen in weiteren Kantonen fühlten sich manche Politiker, in erster Linie solche der nationalkonservativen Schweizerischen Volkspartei SVP und der in den Bergkantonen stark vertretenen Partei «Die Mitte», veranlasst, auch auf Bundesebene gegen den Wolf Stimmung zu machen, ihn womöglich politisch zu vereinnahmen. Hin und wieder konnte man den Eindruck erhalten, dass gewisse Akteure die Debatte aus politischen Gründen bewirtschaften und an zielgerichteten Lösungen nicht wirklich interessiert sind. Ins Auge gefasst wurde selbst der Austritt der Schweiz aus der Berner Konvention, einem nach der Schweizer Bundesstadt benannten völkerrechtlichen Vertrag zur Erhaltung der europäischen wild lebenden Pflanzen und Tiere. Die Begründung war, dass Übergriffe des Wolfs die Existenz vieler Landwirtschaftsbetriebe bedrohten. Dieselben politischen Kreise räumen der Prävention, dem Herdenschutz, nicht die nötige Priorität ein, sondern setzen auf Regulierung, konkret auf Abschüsse. Anders sehen dies die links-grün-liberalen Parteien, die dem Wolf gegenüber aufgeschlossener sind. Dadurch treten verschiedene politische Haltungen in Erscheinung, denen wir in folgenden Kapiteln wiederum begegnen werden.

Der Wolf ist ein hoch emotionales Thema, er polarisiert. Trotz aller Diskussionen ist jedoch festzuhalten, dass er und andere Großraubtiere zur Fauna der Schweiz und der benachbarten Länder gehören. Diese einheimischen Arten sind zurückgekommen, um zu bleiben. Wolfskritische Kreise wurden im Jahr 2020 durch eine Abstimmung auf eidgenössischer Ebene mit einem Nein in die Schranken gewiesen: Es ging um die Änderung des Jagdgesetzes, wodurch der Schutz des Wolfs gelockert werden sollte. In den folgenden Jahren wurden dennoch immer mehr Abschüsse vollzogen, doch hatte die Wolfspopulation (Gesamtheit der Wölfe in einem bestimmten Gebiet) inzwischen Zeit, um sich weiterzuentwickeln und stabilere Bestände aufzubauen. So lebten 2023 in der Schweiz und ihren Grenzgebieten gut 30 Rudel; der Gesamtbestand betrug schätzungsweise 300 Tiere. In den französischen und in den italienischen Alpen war der Wolfsbestand zur selben Zeit 5- bis 10-mal höher. Dort gibt es ebenfalls vehemente Opposition, vor allem in Frankreich, wo der Wolf nach seiner landesweiten Ausrottung in den 1930er-Jahren nicht mehr zum natürlichen Umfeld gehörte, mit dem man sich früher arrangieren musste und mit dem man umzugehen wusste. Frankreichs gesellschaftliche Spaltung manifestiert sich auch in der Wolfsfrage: Radikalen Forderungen vonseiten der Viehhalter stehen Meinungen gegenüber, der Wolf lege mehr die Unzulänglichkeiten der Landwirtschaft offen, als dass er selbst ein Problem sei. Dieselben Unvereinbarkeiten zeigen sich fast überall, wobei die Muster des politischen Widerstands gegen Großraubtiere von den staatlichen Rahmenbedingungen abhängen.

Das Buch und dessen Positionierung

Das Nebeneinander von Wolf und Weidewirtschaft ist anspruchsvoll, doch gilt auch hier: Wo ein Wille ist, ist ein Weg. Unsere jahrtausendealte Nachbarschaft zum Wolf und insbesondere der heutige Vergleich mit Gebieten, wo die Art nie verschwunden war, weisen darauf hin, dass eine Koexistenz möglich ist. Die Voraussetzung hierfür ist ein gut entwickelter Herdenschutz. Bei der Beurteilung der dadurch verursachten Kosten sind die ökologischen Leistungen des Wolfs zu berücksichtigen: seine Einflüsse auf die Begleitfauna, vorab auf das Verhalten und die Zahl der wild lebenden Huftiere. Diese können durch Wölfe an andere Aufenthaltsorte bewegt und im Bestand reduziert werden. Solche Wirkungen sind Teil der Biodiversität. Sie setzen sich in der Vegetations- und speziell in der Waldentwicklung fort, was angesichts von verbreitet starkem Wildverbiss und entsprechenden Waldverjüngungsproblemen von erheblicher, auch ökonomischer Bedeutung ist. Man denke nur an die Schutzfunktionen des Waldes, die langfristig gesichert bleiben müssen. Erwartungsgemäß gehören viele Forstleute zu den Befürwortern der Wolfspräsenz. Freilich sind Wölfe kein Allheilmittel, um die Schwierigkeiten im Wald zu meistern, aber sie können mithelfen, evolutionserprobte Prinzipien der Natur wieder wirken zu lassen. Räuber-Beute-Beziehungen, eine Landschaft mit tierischen Jägern und Gejagten, sind ein Grundprinzip der Natur. Dieses ist bei kleinen Lebewesen eine Selbstverständlichkeit, doch gilt es natürlich ebenso für Großtiere. Unter ihnen ist der Wolf ein besonders wirkungsvoller Beutegreifer.

Bei meinen Feldarbeiten habe ich nicht allein die Begegnungen mit Wölfen als Glücksmomente empfunden; eindrückliche Erlebnisse zur Hirtenkultur auf Schaf- und Ziegenalpen haben mich ebenfalls begeistert. Die traditionelle alpine Landwirtschaft ist als Kulturgut hoch zu schätzen. Das trifft namentlich auf die Alpwirtschaft zu, bei der saisonal Weideflächen in höheren Lagen genutzt werden. Die Haltung von naturverträglichen Rinderrassen, der Umgang mit den verschiedenen Formen von Schafen und Ziegen, die daraus entstehenden Qualitätsprodukte und das Leben im Gebirge generell kommen im vielfältigen Brauchtum zum Ausdruck. All das ist wesentlicher Teil der alpinen Identität. Und auch hier sind wichtige ökologische Leistungen anzuerkennen, nämlich nichts weniger als die Erhaltung der Kulturlandschaft. Doch muss das eine gegen das andere ausgespielt werden? So wie dies im Rahmen der Tiroler Initiative «Alm ohne Wolf» plakativ mit dem Slogan «Es geht nur das eine: Unserem Vieh die Almen, dem Wolf die Wildnis!» geschehen ist (s. Abbildung S. 21). Diese ab- und ausgrenzende Haltung verschließt sich konstruktiven Lösungen. Man darf erwarten, dass die Meinungsbildung zum Wolf, bisher stark durch Vertreter der Landwirtschaft geprägt, von unserer pluralen Gesellschaft entwickelt wird.

Das vorliegende Buch soll durch Texte und illustrative Bilderstrecken das umschriebene Thema erklären und die aktuelle Situation darlegen. Informationen, Entwicklungen und Bildmaterial sind bis am 13. September 2024 berücksichtigt worden. Fotos entsprechen einer Universalsprache, sie lösen Empfindungen aus und haben in diesem Buch besonderen Stellenwert. Als Wildbiologe, der sich seit mehr als 50 Jahren mit großen Beutegreifern beschäftigt, ist es mir aber wichtig, diese nicht bloß bildlich, sondern auch beschreibend im richtigen Licht erscheinen zu lassen. Wölfe gehören zur einheimischen Fauna und haben daher ein Lebensrecht, unabhängig von positiven oder negativen Wertungen. Selbstverständlich müssen die Sorgen und Nöte der vom Wolf betroffenen Tierhalterinnen und Tierhalter ernst genommen werden, vernünftige Lösungen sind gefragt. Durch eine einseitige oder gar doktrinäre Haltung zum Wolf ist diesem nicht gedient. In einer Demokratie zählt die Mehrheitsmeinung, sie ist zu respektieren. Für die dauerhafte Koexistenz mit dem Menschen muss der Wolf folglich von der Bevölkerung hinreichend akzeptiert werden. Aufklärung ist somit essenziell.

Die Literatur zum Wolf ist äußerst breit gefächert und kaum mehr überschaubar. Nebst den beeindruckenden fachlichen Klassikern wie den Büchern von Adolph Murie, L. David Mech, Rolf O. Peterson, Dmitrij Iwanowitsch Bibikow und Erik Zimen und unzähligen Beiträgen in renommierten Fachzeitschriften gibt es auch wunderschöne Bildbände. Zum Beispiel jene von Candace Savage und Jim Brandenburg aus Nordamerika, Lassi Rautiainen aus Finnland, Axel Gomille aus Deutschland und Bruno D'Amicis aus dem Apennin. Dazu sind in den letzten Jahren verschiedene Sachbücher unterschiedlicher Zielsetzung erschienen, in deutscher Sprache etwa von Hansjakob Baumgartner und seiner Mitautorenschaft sowie von Peter A. Dettling, Klaus Hackländer, Marco Heurich, Kurt Kotrschal oder von Henryk Okarma und Sven Herzog. Richtiggehend in den Bann gezogen haben mich die umfassenden Wolfsstudien im US-amerikanischen Yellowstone Nationalpark, die 2020 von Douglas W. Smith, Daniel R. Stahler und Daniel R. MacNulty in ihrem großartigen Buch «Yellowstone wolves» zusammengefasst worden sind.

Der Wolf gehört zu den Wildtierarten, über die weltweit am meisten geforscht und publiziert worden ist. Warum also ein weiteres Buch zu diesem Tier, das wie kein anderes in den Alpenländern die Politbühne der letzten Jahre beherrscht hat? Eben gerade wegen dieser bei uns anhaltenden Debatte, die in Publikationen immer wieder nach aktueller Einordnung verlangt. Dabei wollte ich meine beiden Passionen, Wildbiologie und Wildtierfotografie, kombinieren. Die gesellschaftliche und ökologische Relevanz des Wolfs, ebenso wie die Herausforderungen, ihn vor die Linse zu bekommen, waren das eigentlich Faszinierende an diesem Projekt. Dass hier zu einem großen Teil Fotos von Wölfen aus den Alpen gezeigt werden, trägt dazu bei, eine Lücke zu füllen. Schwerpunktmäßig sollen der erste Wolf des Schweizerischen Nationalparks sowie die seit Menschengedenken erste Fortpflanzung von Wölfen in der Landschaft Davos dargestellt werden. Außerdem geht es darum, die inzwischen in unserem Land gewonnenen Erfahrungen im Umgang mit dem Wolf mit solchen in anderen Verbreitungsgebieten zu vergleichen. Dabei offenbart sich auch die Bedeutung unterschiedlicher Weltanschauungen.

Zu den Fotos

Den unmittelbaren Anlass für dieses Buch gab der Bild-Text-Band, den ich über den Kolkraben verfasst habe und der 2022 auf den Markt kam, bereits im folgenden Jahr in der zweiten Auflage. Der Kolkrabe und der Wolf weisen viele Gemeinsamkeiten auf, nicht zuletzt das verbreitet zweifelhafte Image. Die Psychologin Uta Jürgens, die sich auf Mensch-Tier-Beziehungen spezialisiert hat, betonte in einem Beitrag in «Das Magazin» das häufig gleiche Argumentationsmuster, mit dem Rabenvögeln und Wölfen begegnet wird. So entstand nach dem «Plädoyer für die großen schwarzen Vögel» dieses Wolfsbuch in analoger Aufmachung – vom «wolf-bird» (einer aus Nordamerika bekannten Bezeichnung für den Kolkraben) zum Wolf selbst.

Sämtliche der hier abgedruckten Fotos wurden von mir in den Jahren 2006–2024, überwiegend ab 2021, in freier Wildbahn in den Alpen, in Finnland und im Apennin sowie in den Rocky Mountains und auf dem Tibet-Plateau (einschließlich Changthang in Ladakh und Mustang in Nepal) aufgenommen. Dem Untertitel dieses Buches entsprechend habe ich Landschaften ausgewählt, die hinsichtlich menschlicher Präsenz gegensätzlich sind und dadurch für die Spanne zwischen Natur und Kultur stehen: Nord- und Südeuropa, Nordamerika und Hochasien ebenso wie die heimischen Berge Graubündens. Im Ofenpassgebiet und im Raum Davos–Klosters habe ich den weitaus größten Teil der Feldarbeiten durchgeführt. Die in den Alpen lebenden Wölfe sind beinahe ausschließlich Nachfahren von solchen aus dem Apennin, wo jahrhundertelange Verfolgung die vorsichtigsten Tiere selektioniert hat. Im Abruzzischen Apennin (abgekürzt Abruzzen genannt) lassen sich mit Glück hin und wieder Wölfe blicken; in den Alpen sind gezielte Beobachtungen Ausnahmeereignisse, zumindest ohne technische Unterstützung. Hier und anderswo werden Wölfe – legal sowie illegal – geschossen. So sind die Tiere in der Regel nachtaktiv, man sieht sie nur sporadisch, Begegnungen sind zufällig. Letzteres hat auch mit der naturgemäß geringen Dichte dieser Beutegreifer, ihrem unsteten räumlichen Verhalten und dem verbreitet deckungsreichen Gelände zu tun. Um überhaupt Gelegenheiten für Wolfsaufnahmen zu erlangen, brauchte es Ausdauer, Geduld und vor allem Zuversicht.

Ebenfalls anspruchsvoll ist das Beobachten von Wölfen auf dem Tibet-Plateau, wo zwar im baumlosen Gelände freie Sicht besteht, aber raue Umgebungsbedingungen herrschen, speziell im Winter. Die im eher flachen Terrain sehr mobilen, meistens in besonders geringer Dichte lebenden «Steppenwölfe» Hochasiens sind mir ans Herz gewachsen. An der finnisch-russischen Grenze gibt es dauerhaft eingerichtete Fotoverstecke, die Gästen zur Verfügung gestellt werden. Hier ist es vergleichsweise einfach, Wölfe zu sehen und zu fotografieren. Ähnliches gilt für den Yellowstone Nationalpark in den USA, wo man durch den Austausch unter Gleichgesinnten beinahe täglich Wölfe beobachten kann, wenn auch oft auf große Distanz.

Wolfsbilder, gerade jene von einheimischen Tieren, gehen größtenteils auf Kameras mit automatischer Auslösung zurück. Bilder durch Fotofallen sind für das Monitoring wertvoll, und Drohnen ermöglichen neue Perspektiven. Diese und andere technische Methoden wie die Unterstützung durch extra Lichtquellen kamen für mich nicht infrage, denn ich suchte das unverfälschte persönliche Erlebnis durch die direkte Anschauung. Die Fotos sollen überdies als Beleg meiner Einsicht in die Natur dienen und somit eine Vertrauensgrundlage für die daraus abgeleiteten Schlussfolgerungen schaffen. Es geht also auch um Dokumentation. Deshalb zeige ich nicht nur Motive, die gemeinhin als schön empfunden werden. Noch wichtiger sind mir die Bilder, die das Echte darstellen und so Eindrücke aus dem wahren Leben vermitteln.

Was für Erlebnisse wird der Tag wohl bringen? Blick vom Unterengadin in Richtung Tirol, wo nicht nur die morgendliche Himmelsröte, sondern auch der Wolf für Dramatik sorgt. 6. Juli 2024.

Eine Gämse am frühen Morgen auf einem Grat, von wo Gefahren auf Distanz und somit frühzeitig erkannt werden können. Das ganze Wesen der Huftiere ist auf Feindvermeidung ausgerichtet und wird folglich durch Beutegreifer beeinflusst. Ofenpassgebiet, 9. September 2018.

Links Allein auf weiter Flur? Gämsen und andere Huftiere müssen sich vor Feinden in Acht nehmen, insbesondere in heiklen Situationen wie bei der Nahrungsaufnahme mit gesenktem Kopf. Ofenpassgebiet, im Hintergrund links der Piz Palü, 3899 m ü. M., 9. August 2021.

Rechts Eine seltene Begegnung, zumal bei Sonnenschein im offenen Gelände: Die Wölfin F18 mustert mich und lässt ihr Misstrauen erkennen, folgt aber ihrem Weg beharrlich, ohne Hast. Ofenpassgebiet, 19. Oktober 2022.

Links Frische Trittsiegel von zwei Wölfen und einem Luchs auf einem regelmäßig von ihnen begangenen Weg. Zernez, 20. Januar 2023.

Rechts Deckung und Aufmerksamkeit lohnen sich für die Gämse, wenn Wolf und Luchs unterwegs sind. Zernez, 27. Januar 2023.

Links F18 entspannt und gleichwohl stets reaktionsfähig. Ofenpassgebiet, 12. Oktober 2022.

Rechts Behutsames Vorrücken in geduckter Haltung. Ofenpassgebiet, 12. Oktober 2022.

Links Die Wölfin F18 eine Woche später, gut 7 km vom Aufnahmestandort der beiden vorherigen Bilder entfernt. Ofenpassgebiet, 19. Oktober 2022.

Rechts Keine gangbare Lösung und doch immer wieder eingefordert: Der Wolf soll in die ferne Wildnis verbannt werden, das Zusammenleben mit ihm wird ausgeschlossen. Umhausen, Österreich, 14. Juni 2023.

Links Ein Wolf in einem nordischen Wald fernab der Zivilisation. Kainuu, Finnland, 24. August 2021.

Rechts Ein Wolf beobachtet das Gelände vom Rand eines Moorsees aus. Kainuu, Finnland, 24. August 2021.

Und schwups, derselbe Wolf wie auf dem vorhergehenden Bild beim Eintauchen in den Moorsee. 24. August 2021.

Eigenschaften des Wolfs

Merkmale und Systematik

Der Wolf ist ein großes, hochbeiniges, eher lang erscheinendes Säugetier mit geradem Rücken und mittellangem, ziemlich buschigem Schwanz mit schwarzer Spitze. Der Kopf zeichnet sich durch stehende Ohren, bernsteinfarbene Augen, eine lange Nase, eine tief eingeschnittene Mundöffnung sowie durch ein Gebiss mit markanten Eck- und kräftigen Reißzähnen aus. Letzteres weist auf die Zugehörigkeit zur Ordnung der Raubtiere hin. Diese Klassifikationsstufe innerhalb der zoologischen Systematik umfasst nebst den Hunden beispielsweise die Katzen, Bären und Robben. Innerhalb der Familie der Hunde (Canidae oder eingedeutscht Caniden) ist der Wolf *Canis lupus* die größte Art. Zu seiner Gattung, *Canis*, gehören auch der seit einigen Jahren hierzulande auftretende Goldschakal *Canis aureus* und der nordamerikanische Kojote *Canis latrans*. Der häufigste einheimische Wildhund ist der Rotfuchs, ein Vertreter der Gattung *Vulpes*.

Wölfe haben unterschiedliche Fellfärbungen, selbst innerhalb derselben Familie. In Mitteleuropa sind die meisten grau-braun-rötlich mit dunkleren Haaren am Oberkopf, Rücken und Schwanz und helleren Bereichen von der Schnauze über Brust und Beine zum Bauch. In Steppengebieten überwiegen beige gefärbte Tiere, im hohen Norden sind manche weiß, verbreitet gibt es schwarze Individuen. Äußerst variabel ist ebenfalls die Körpergröße, wobei Männchen (Rüden) deutlich größer und ungefähr ein Fünftel schwerer sind als Weibchen (Fähen). Wölfe in Sibirien und Nordamerika können in Ausnahmefällen bis gegen 80 kg schwer werden, die Artgenossen im südlichen Asien wiegen 15–20 kg. In den Alpen beträgt das Gewicht ausgewachsener Rüden 30–40 kg. Die Größenvariation ist auch auf individueller Ebene beträchtlich; das Erscheinungsbild, besonders die Korpulenz, verändert sich außerdem zwischen Sommer und Winter. Der Wolf ähnelt manchen großen Haushunden, doch zeigen sich im Detail Unterschiede, etwa bei den Ohren oder der Fellzeichnung, ebenso bei der Gangart. Einzelne Trittsiegel vom Wolf und von entsprechend großen Hunden lassen sich allerdings kaum unterscheiden. Typisch für den Wolf ist der über längere Strecken führende geschnürte Trab, bei dem die Hinterpfote mehr oder minder genau auf den Abdruck der Vorderpfote gesetzt wird. Im Vergleich zu Wölfen bewegen sich Haushunde in der Regel im Raum viel weniger zielorientiert, und Letztere sind bei uns meist in Begleitung von Menschen unterwegs. Überdies sind Lautäußerungen in Betracht zu ziehen, um Wolf und Hund auseinanderzuhalten: Wölfe heulen. Haushunde können dies zwar auch, aber speziell Rassen mit größerer genetischer Distanz zum Wolf lassen diese melancholisch anmutenden Laute nach Fanni Lehoczki und ihren Mitarbeitenden nur selten oder gar nie ertönen. Beim Bellen ist es umgekehrt: Diese Laute äußern Wölfe ausnahmsweise in bestimmten Situationen, sonst «wuffen» sie nur kurz.

Die in ihrem weiten Verbreitungsgebiet voneinander abweichenden Wolfsformen führten naturgemäß dazu, eine Reihe von Unterarten zu definieren. So bildet der Eurasische Wolf die namengebende Form *Canis lupus lupus*, 1758 durch Carl von Linné beschrieben. Dieser Typus ist von Europa bis Ostsibirien verbreitet. Die Wölfe des Apennin und deren Ableger in den Alpen sowie in benachbarten Gebieten sind eher klein gewachsen und werden gewöhnlich als Unterart *Canis lupus italicus* klassifiziert. Im Zuge der Bestandsausbreitung der italienischen Wölfe kommt es nun zunehmend zu genetischem Austausch mit anderen europäischen Vorkommen, sodass die Populationen zusammenwachsen. In geschlossenen Verbreitungsgebieten ist die Abgrenzung von Unterarten beim wanderfreudigen Wolf erschwert, da sich Merkmale von Raum zu Raum und über die Zeit kontinuierlich ändern. Taxonomische Feinarbeit kann sinnvoll sein, zum Beispiel, wenn es darum geht, besondere Vorkommen zu schützen. Akut ist dies beim Mexikanischen Wolf *Canis lupus baileyi* mit bloß wenigen Hundert wild lebenden Tieren.

Die biologische Taxonomie beruht auf menschlichen Ordnungsprinzipien, die wir auf ein fließendes System übertragen. Leben fußt auf genetischen Veränderungen und Unterschieden, wodurch sich geeignete Anpassungen herausbilden können, die letztlich dem Überleben dienen. Neuere Erkenntnisse zeigen, dass sich Stammbäume nicht nur stets verzweigen, sondern dass Verwandtschaftsverhältnissen auch ein Netz evolutionärer Linien zugrunde liegen kann. So wie bei modernen Menschen, wo sich außerhalb Afrikas, unserem Ursprungsgebiet, geografisch differenziert geringe Anteile des Erbguts von Neandertalern und Denisova-Menschen finden. Iris Biebach und Lukas Keller wiesen bei Alpensteinböcken ein Gen von Hausziegen nach, und Wölfe tragen Spuren von Hunde-DNA in sich. Solche Vorgänge machen uns die Vielfalt und Dynamik der evolutionären Prozesse deutlich.

Die da und dort auftretende, in bewaldeten Gebieten Nordamerikas zunehmend häufiger gewordene Schwarzfärbung von Wölfen ist gemäß den Untersuchungen von Tovi M. Anderson und ihren zahlreichen Mitarbeitenden auf eine Genübertragung durch Haushunde zurückzuführen. Diese stammen ausschließlich vom Wolf ab und werden wissenschaftlich als *Canis lupus familiaris* bezeichnet. Wolf und Haushund unterscheiden sich lediglich auf der Ebene von Unterarten; Mischlinge aus beiden Formen sind somit leicht möglich. Gleichwohl sind Wolf-Hund-Hybriden sporadische Ausnahmeerscheinungen, weniger in Italien als in Mitteleuropa, wo es nur vereinzelt streunende Hunde gibt. Es bestehen gute Gründe, Mischlinge umgehend zu entfernen; potenzielle Einkreuzung soll verhindert werden. Man darf aber aktuelle Hybridisierung nicht mit dem Vorhandensein einzelner hundespezifischer Gene gleichsetzen. Letzteres soll nicht überbewertet werden, da es sich um geringe Spuren handelt, die unter Umständen vor Jahrtausenden Eingang in die Erblinie gefunden haben und bei fast allen Wolfspopulationen vorkommen. So leben schwarze Wölfe auch in abgelegenen und dünn bevölkerten Gebieten, nicht nur in den Wäldern Kanadas, sondern zudem in den Hochsteppen von Ladakh oder anderen naturnahen Landschaften. Am Status des Wolfs als Wildtier – von wolfskritischen Kreisen nicht selten infrage gestellt – gibt es nichts zu rütteln.

Die heutigen molekulargenetischen Methoden eröffnen neue Perspektiven auf manche Stammesgeschichten einschließlich jener der Wölfe. Das letzte Wort ist längst nicht gesprochen, denn die Erkenntnisse hängen davon ab, ob und wie räumlich differenziert DNA-Proben untersucht worden sind oder noch werden. Die Wölfe Hochasiens, aus Tibet und dem Himalaja, gehören zu einer alten Abstammungslinie – ähnlich wie andererseits die Wölfe aus den Niederungen Indiens. Von Geraldine Werhahn mit ihren Mitarbeitenden wird der Himalaja-Wolf, der auch auf dem weitläufigen Tibet-Plateau heimisch ist, als Wolfsunterart beschrieben: *Canis lupus chanco*. Ob diese Wölfe mit ihrem einzigartigen genetischen Profil und ihren spezifischen, auch physiologischen Anpassungen an große Höhen sogar als eigene Art anzuerkennen sind? Unabhängig von der anstehenden Beantwortung dieser Frage durch Geraldine Werhahn und andere Fachpersonen spielt der Himalaja-Wolf im vorliegenden Buch eine wichtige Rolle, nicht allein wegen meiner engen Beziehung zum Dach der Welt, sondern ebenso, um Vergleiche zwischen den Alpen und Hochasien anstellen zu können. Beide Räume sind zum großen Teil Kulturlandschaften, wo der Umgang mit Weidevieh bei Wolfspräsenz mit ähnlichen Schwierigkeiten verbunden ist.

Lebensweise

Die Sinnesleistungen von Wölfen sind bezüglich Riechen, Hören und Sehen hoch entwickelt. Herausragend, vor allem im Vergleich zu uns Menschen, ist der Geruchssinn. Wölfe leben in einer Welt der Gerüche, in der sich ein großer Teil der innerartlichen Kommunikation und des Jagdverhaltens abspielt. Nicht von ungefähr erbringen die Nasen von spezialisierten Gebrauchshunden einzigartige Suchdienste.

Wölfe zeigen von jung auf ein vielfältiges, komplexes Sozialverhalten. Die Verständigung beruht außer auf dem geruchlichen Kontakt auf verschiedenen Lautäußerungen, einschließlich Heulen, und der Körpersprache, sowohl optisch als auch taktil. Rudolf Schenkel und Erik Zimen haben unter Bedingungen menschlicher Obhut bereits vor mehreren Jahrzehnten die zahlreichen Ausdrucksformen von Wölfen dokumentiert und so deren hochgradige soziale Organisation herausgestrichen. Diese Eigenschaften weisen auf die ausgeprägten kognitiven (geistigen) Fähigkeiten des Wolfs hin. Dessen Verhalten folgt nicht starr einem Schema, sondern ist bemerkenswert formbar. Wölfe können leicht lernen und sich anpassen. Entsprechend sind Wölfe Individuen oder gar Persönlichkeiten: So gibt es Leader und Duckmäuser sowie solche, die anhänglich sind, und andere, die eher die Distanz suchen. All diese genannten Eigenschaften schufen die Voraussetzungen dafür, dass die Haushunde als Nachfahren des Wolfs zu unseren treuesten tierischen Gefährten werden konnten.

Wölfe leben in Familienverbänden, den Rudeln. Zentral ist das Elternpaar, das die Gruppe begründet hat und auch in späteren Jahren so gut wie ausschließlich für die Fortpflanzung sorgt. Dazu kommen diesjährige und ältere Jungtiere. Von den Letzteren verbleiben einige manchmal bis zum dritten Lebensjahr oder noch länger bei den Eltern und kooperieren mit der ganzen Familie, die so auf ein Dutzend und mehr Individuen anwachsen kann. Allerdings sind Wölfe im Rudelverband nicht stets beieinander, sondern können sich situativ in Gruppen aufteilen. Wolfsrudel besetzen ein Revier. Sie kennzeichnen dieses durch Urinmarken, das Ablegen von Kot sowie durch Scharren am Boden. Die Raumansprüche gegenüber Nachbarn und Fremden lassen sich auch durch Heulen, durch Präsenz allgemein, geltend machen. Diese Reviere oder synonym Territorien werden gegenüber fremden Artgenossen verteidigt, gegebenenfalls selbst mit Todesfolgen. Die Reviere umfassen je nach Nahrungsangebot und Rudelgröße üblicherweise zwischen 100 km^2 und 300 km^2; in kargen Lebensräumen können sich die Streifgebiete sogar über mehr als 1000 km^2 ausdehnen. Derartige

Flächen zu beanspruchen, erfordert Aufwand. Dafür kann das Gebiet mehr oder minder exklusiv genutzt werden – ohne oder mit nur beschränkter Nahrungskonkurrenz durch fremde Tiere.

Nebst den im Rudel zusammengeschlossenen Wölfen gibt es andere, die einzeln unterwegs sind. Das sind in erster Linie jüngere Individuen auf der Suche nach einem Partner sowie nach einem geeigneten Gebiet, um sich niederzulassen. Unter Umständen, etwa wenn Kontakte zu Artgenossen fehlen, können eigentliche Fernwanderungen unternommen werden. Der Jungwolf M237 wurde 2022 von Mitarbeitenden des Amtes für Jagd und Fischerei Graubünden mit einem Sender ausgerüstet. Er zog im Verlauf eines knappen Jahres bis nach Ungarn, wo er illegal getötet wurde. Die Abwanderungsdistanz betrug als Luftlinie gemessen gut 800 km; die tatsächlich zurückgelegte Strecke machte etwa 1900 km aus. Wie einer Mitteilung der Stiftung KORA, der schweizerischen Fachstelle für Großraubtiere, zu entnehmen ist, wanderte ein anderer mittels GPS überwachter Wolf, Slavc genannt, 2011–2012 aus dem dinarischen Wolfsvorkommen in Slowenien via Österreich bis zu den italienischen Alpen. Dort sorgte er für eine genetische Verbindung bei den bisher getrennten Populationen. Mittlerweile sind Wölfe auch aus der deutsch-polnischen Population im Alpenraum als Gründertiere von Rudeln nachgewiesen. Wie die Senckenberg Gesellschaft für Naturforschung mitteilte, lief neulich ein Wolf aus Norddeutschland mehr als 1000 km weit bis nach Katalonien. Wölfe aus der finnisch-russischen Population erreichten Mittelschweden und gründeten dort ein Vorkommen in großem Abstand zum bisherigen Verbreitungsgebiet. Und auch nach Dänemark, in die Niederlande, die Vogesen und die Cevennen kamen Wölfe von weit her.

Der Wolf ist ein Zehengänger mit gestreckter Wirbelsäule, langen Beinen und großen Pfoten, deren Krallen ähnlich wie Spikes Halt bieten. Sein Körperbau lässt auf einen schnellen, ausdauernden Läufer schließen. Die häufigste Laufform ist ein leichtfüßiger, kräfteschonender Trab. In dieser Fortbewegungsart können binnen Stunden Dutzende von Kilometern zurückgelegt werden. Nicht umsonst sagt der Volksmund in Ladakh, dass hungrige Wölfe in einer Nacht neun Täler durchqueren können. Das Raubtiergebiss weist auf die überwiegend, jedoch nicht ausschließlich karnivore (auf Fleisch ausgerichtete) Ernährungsweise hin. Im Vergleich zu den obligatorisch karnivoren Katzen mit ihrem kompakten, rundlichen Schädel und der damit verbundenen besonders kräftigen Gebissmuskulatur zeigt sich bei den Hunden, dass sie findige Nahrungsgeneralisten sind, die, falls vorhanden, auch Früchte, Teigwaren oder andere Essensreste konsumieren. Dennoch ist die Verfügbarkeit von Huftieren essenziell. Wichtig ist überdies der Zugang zu Wasser.

Wie andere Raubtiere versuchen Wölfe bei der Jagd, die ins Auge gefasste Beute durch einen kurzen rasanten Angriff mit weiten Sprüngen einzuholen, zu packen, zu Boden zu bringen und durch einen Biss in den Hals die Luftzufuhr zu unterbinden. Manchmal kommt es im offenen oder halboffenen Gelände zu längeren Verfolgungsjagden. Gerade bei Angriffen auf große Tiere spielt die Kooperation von mehreren Individuen eines Rudels eine wesentliche Rolle, und trotzdem bleiben die meisten Attacken erfolglos. Die Nahrung besteht zum weitaus größten Teil aus selber erjagten, bei Gelegenheit aber auch als Aas angenommenen Huftieren, in Mitteleuropa in erster Linie aus Rothirschen, Rehen und Wildschweinen. Im Norden werden Elche, Rentiere und Moschusochsen erbeutet, in Kanada und den USA sind es nebst den genannten Arten des Nordens Wapitis und andere Hirsche, dazu Bisons, und in Hochasien sichern die zahlreichen dortigen Huftiere der Steppen und Berge vom Tibet-Wildesel und von der Tibet-Gazelle bis zum Bharal (Blauschaf) die Ernährung. Großtiere von mehreren Hundert Kilogramm Körpergewicht gehören somit zum Nahrungsspektrum von Wölfen. In Mitteleuropa und darüber hinaus zeigt sich eine besonders enge Räuber-Beute-Beziehung zwischen dem Wolf und dem Rothirsch, dies als Folge einer wechselseitigen Beeinflussung im Verlauf der stammesgeschichtlichen Entwicklung, einer Koevolution. Von großen Huftieren werden bevorzugt die weniger wehrhaften Individuen gerissen, das heißt primär die jungen, aber auch die weiblichen sowie die kranken, geschwächten, alten Exemplare. Ebenso opportunistisch werden alle anderen potenziellen Beutetiere bejagt, fast ausschließlich Säugetiere: In der Kulturlandschaft Mitteleuropas sind Rehe vielerorts die häufigsten Beuten, in den Alpen machen Gämsen einen wichtigen Teil der Ernährung aus, und wo sie angesiedelt worden sind, laufen Mufflons Gefahr, dass ihre Bestände von Wölfen gar aufgerieben werden. Füchse, Hasen, Murmeltiere und selbst Kleinsäuger ergänzen die Wolfsnahrung. Zur Energieversorgung tragen Weidetiere bei, vorab Schafe und Ziegen, die gemäß der Zusammenstellung von Salvador Lyngdoh und seinen Mitarbeitenden in Kulturlandschaften Asiens einen Nahrungsanteil von 50 % und mehr erreichen können. In Mitteleuropa mit fast überall hohen Wildtierbeständen ist der Anteil der Nutztiere an der gesamten Wolfsnahrung viel geringer und liegt gewöhnlich bei wenigen Prozent. Allerdings wurde in der Schweiz bei einer von KORA kommunizierten, vorerst noch nicht publizierten Untersuchung ein Nutztieranteil von 17 % festgestellt.

Wölfe sind nicht nur flexibel im Verhalten und agil beim Beuteerwerb, sondern auch dynamisch in ihrer Populationsentwicklung. Sie sind mit knapp zwei Jahren geschlechtsreif. Mit oft alljährlichen Würfen von meist 4–6, unter Umständen sogar 8 und mehr Welpen wird eine hohe Wachstumsrate erreicht. In sich aufbauenden Beständen kann die Zahl der Wölfe von Jahr zu Jahr beträchtlich zunehmen: Die Wachstumsraten sind variabel, 30 % ist wohl ein passender Mittelwert. Dies führt in der Population zu einem entsprechenden Expansionsdruck. Die hohe Produktivität erklärt andererseits, dass Wolfsbestände erhöhte Sterblichkeit besser zu ertragen vermögen als manch andere Wildtiere.

Die Lebensspanne von Wölfen ist eher kurz; zehnjährige Tiere gelten bereits als alt. Die evolutionäre Strategie der Art setzt auf einen ziemlich raschen individuellen Wechsel, einen hohen Turnover in der Population, so wie dies zum Beispiel vom Reh und insbesondere von Kleinlebewesen bekannt ist. Andere Wildtierarten folgen einem gegensätzlichen Prinzip. Die Nachwuchsrate bleibt bei manchen Greifvögeln, bei Bären und ebenso bei uns Menschen gering, dafür ist die Lebenserwartung höher. Dies zeigt, dass Überlebenserfolg auf verschiedenen Wegen erreicht werden kann, wenn auch mit Konsequenzen bezüglich der Lebensraum- und Ressourcennutzung: opportunistisch wendig (wie beim Wolf) oder auf Beständigkeit ausgerichtet (wie etwa beim Steinadler).

Ökologische Wirkungen

«Wo der Wolf jagt, wächst der Wald.» Hinter diesem viel zitierten russischen Sprichwort steckt die Vorstellung, dass Wölfe Bestände wild lebender Huftiere regulieren, wodurch sich Jungbäume besser entwickeln können. Das ist plausibel und trotzdem darf der erwähnte Satz nicht vorbehaltlos übernommen werden; dafür sind ökologische Systeme viel zu komplex. Es besteht die Gefahr, dass die ökologischen Wirkungen zu verallgemeinernd, schematisch oder gar idealisiert dargestellt werden. Dabei muss festgehalten werden, dass Beutegreifer nicht nur Beutetiere töten, sondern bei den potenziellen Opfern eine ganze Reihe von nicht-tödlichen Effekten auslösen können, so etwa Ausweichbewegungen und andere Verhaltensänderungen wie erhöhte Aufmerksamkeit oder die Anpassung des Aktivitätsmusters. Die Huftiere versuchen, Nahbegegnungen mit Wölfen zu vermeiden.

Nirgends sind Räuber-Beute-Beziehungen beim Wolf länger untersucht worden als im US-amerikanischen Nationalpark Isle Royale, einer gut 500 km² großen Insel im Lake Superior. Zahlreiche Wissenschaftler, unter ihnen bekannte Pioniere der amerikanischen Wolfsforschung wie L. David Mech und Rolf O. Peterson, haben das Verhältnis zwischen Elchen und Wölfen auf der Insel studiert. Die Elche waren um 1900 dort neu ansässig geworden, die Wölfe sind kurz vor 1950 über eine Eisbrücke eingewandert. Dieses Naturexperiment mit ganz besonderer Ausgangslage – eine neue Situation mit nur je einer Art von Beutetieren und Beutegreifern – führte nicht zum anfänglich erwarteten ökologischen Gleichgewicht, sondern sorgte immer wieder für Überraschungen. Die beiden Populationen fluktuierten stark, und es kam zu Bestandszusammenbrüchen: beim Elch wegen Nahrungsmangel durch Übernutzung der Vegetation, Extremwintern und der Wirkung von Zecken; beim Wolf wegen einer Epidemie und später als Folge der Inzucht, die mit der kleinen Zahl von Gründertieren verbunden war. Obwohl die Wölfe phasenweise einen erheblichen Druck auf die Elche auszuüben vermochten, waren es letztlich klimatische, infektiologische und genetische Faktoren, die das gleichermaßen labile wie dynamische System auf der Insel prägten.

Im Yellowstone Nationalpark ist die ökologische Rolle des Wolfs unter räumlich weniger beschränkten, artenreicheren und damit stabileren Rahmenbedingungen dokumentiert worden, nämlich durch ein Experiment in Form eines 1995 und 1996 durchgeführten Wiederansiedlungsprojekts. Im Buch «Yellowstone wolves» sind die Vorgeschichte und die ersten 25 Jahre Erfahrungen mit den dortigen Wölfen umfassend dargestellt. In diesem Nationalpark, der ersten solchen Institution weltweit, wurde in den Jahrzehnten nach der Gründung 1872 kein integraler Naturschutz betrieben. Die Förderung der letzten verbliebenen Bisons und anderer Paarhufer im Park hatte Priorität. So wurden die dortigen Wölfe in den 1920er-Jahren ausgerottet. Bereits zehn Jahre später wurde der Bestand der Wapitihirsche – in diesem Gebiet die Hauptbeutetiere des Wolfs – als zu hoch empfunden. Deshalb wurden die Wapitis jahrzehntelang durch die menschliche Jagd beeinflusst. Trotzdem bedrohten die Hirsche die Verjüngung von Laubbäumen und beeinträchtigten dadurch die Bodenstabilität an Flussufern. Mit der Rückkehr der Wölfe änderte sich dies und manches andere, wie mehrere Studien zeigten, darunter jene von William J. Ripple und Robert L. Beschta. Die Hirsche waren nun zumindest in den bisher bevorzugten Aufenthaltsorten im Talgrund weniger zahlreich: Davon waren manche dem Wolf zum Opfer gefallen, andere verteilten sich neu im Raum. Einen Einfluss entfalteten auch Grizzlybären, die vermehrt Hirschkälber töteten, da sich bei Fischen als zuvor wichtigem Nahrungsbestandteil Veränderungen ergeben hatten. Dank des verminderten Verbisses durch die Wapitis vermochten sich die Bäume in den Galeriewäldern zu erholen; Biber und andere Arten bis hin zu Kleinlebewesen profitierten davon. Mit den Wölfen verringerte sich überdies die Präsenz von Kojoten und Pumas. Erstere erbeuten oft junge Gabelböcke, deren Population infolge des gelockerten Jagddrucks auf Kitze zunehmen konnte. Der Wolf löste also vielfältige Effekte auf die gesamte Nahrungskette aus. Diese «trophische Kaskade» sowie zusätzlich mitspielende Faktoren wie Wetter und Klima – und nicht zu vergessen die Aktivitäten des Menschen – weisen auf die Komplexität ökologischer Systeme hin. Innerhalb derselben kann der Wolf als wirkungsvollster Beutegreifer in mittleren und höheren nördlichen Breiten unter passenden Umständen eine Schlüsselrolle einnehmen. Wölfe leisten durch ihre Interaktionen und Einflussnahmen innerhalb der Lebensgemeinschaft einen besonderen Beitrag zur Biodiversität und haben das Potenzial, gegebenenfalls stabilisierend auf Ökosysteme einzuwirken.

Die Erkenntnisse aus Yellowstone stehen nicht allein. In anderen Gebieten Nordamerikas wurden vergleichbare Erfahrungen gemacht. Aus Europa gibt es ebenfalls ähnliche Befunde, etwa jene von Włodzimierz Jędrzejewski und seinen Mitarbeitenden in Polen, doch sind die Verhältnisse auf unserem Kontinent nur bedingt überschaubar. Die verschiedenen Einflussfaktoren lassen sich weniger gut auseinanderhalten, da hier der Wolf meist mehrere Beutetierarten nutzt und der Mensch intensiv mitmischt, etwa durch die ordentliche Jagd, die Entnahme von Wölfen aus regulatorischen Gründen oder durch den Straßenverkehr, der manche Opfer fordert. Wie die erwähnten polnischen Wolfsforscher auf der Basis langjähriger Daten aus der Bialowiezer Heide darlegten, können Wölfe die Populationsdichte von Rothirschen durchaus beeinflussen. Die Voraussetzung hierfür ist allerdings, dass die Wölfe jagdlich nicht tangiert werden, ihren Bestand also gemäß der Tragfähigkeit des Lebensraums entwickeln können. Und falls die Zahl der Hirsche zurückgehen sollte, ist nicht zwangsläufig – wie in «einfachen» Räuber-Beute-Beziehungen zu erwarten – eine Abnahme der Wölfe die Folge, denn diese können womöglich auf andere Beutetierarten ausweichen.

Ökologie ist eine standortgebundene Wissenschaft. Es wäre für unser Verständnis wichtig, die bisherigen, vorab amerikanischen Studien durch Beiträge aus der Schweiz zu ergänzen. Leider fehlen hierzulande vergleichbare Untersuchungen zu den ökologischen Wirkungen des Wolfs. Solche umfassend zu erforschen ist anspruchsvoll, verlangt nach vielfältigen, langfristigen Daten und setzt den Willen zur adäquaten finanziellen Unterstützung voraus, in erster Linie vonseiten der öffentlichen Hand. Es wäre zu wünschen, dass die dem Wolf beigemessene politische Relevanz auch im Engagement für den Wissensfortschritt zum Ausdruck käme.

Links Die Körpersprache des Wolfs: Ein erhobener Schwanz markiert Selbstsicherheit und hohe soziale Stellung. Kainuu, Finnland, 25. August 2021.

Rechts Der nach unten gedrückte Schwanz zeigt Respekt und Verunsicherung an. Kainuu, Finnland, 22. August 2021.

Wölfe sind als soziale Tiere oft in Gruppen unterwegs. Kainuu, Finnland, 25. August 2021.

Links Trittsiegel des Wolfs im feinen Flusssand. Typisch ist, dass Vorder- und Hinterpfote im selben Bereich aufgesetzt werden. Ofenpassgebiet, 2. November 2022.

Rechts Ein Kot des Wolfs, als Reviermarkierung auf einem Fußweg abgelegt und mittlerweile ausgewaschen, sodass Haare und Knochensplitter der Beutetiere zutage treten. Ofenpassgebiet, 29. Mai 2023.

Links Die Wölfin F18 hält von einem hoch gelegenen Punkt Ausschau. Ofenpassgebiet, 12. Oktober 2022.

Rechts Der Rothirsch ist vielerorts das Hauptbeutetier des Wolfs. Kälber (in der Mitte) werden bevorzugt, Hirschkühe (rechts) regelmäßig, ausgewachsene männliche Individuen jedoch nur gelegentlich gerissen. Nationalpark Stilfserjoch, Italien, 13. Oktober 2017.

Links Wenige Stunden zuvor getötetes Hirschkalb, im Schulterbereich angefressen.
Ein Bein ist herausgelöst. Nationalpark Stilfserjoch, Italien, 9. Oktober 2017.

Rechts Eine Großbeute, deren Überwältigung mit Verletzungsrisiken verbunden ist: frisch gerissener
und von einer Wolfsfamilie bereits beträchtlich genutzter Rothirsch. Ofenpassgebiet, 21. Oktober 2023.

Links F18 ist aufmerksam geworden und hält kurz inne, um die Umgebung zu kontrollieren. Ofenpassgebiet, 12. Oktober 2022.

Rechts Wo immer Wölfe und Rothirsche im selben Gebiet leben, ergibt sich eine enge Räuber-Beute-Beziehung zwischen den beiden Arten. Abruzzen, Italien, 22. September 2023.

Die Wölfe haben in der Dunkelheit gewirkt. Nach Tagesanbruch hat sich ein Rotfuchs an den Überresten einer gerissenen Hirschkuh gütlich getan. Zernez, 14. Februar 2024.

Links Das Reh zählt zu den häufigsten Beutetieren des Wolfs bei uns sowie in anderen Kulturlandschafen Mitteleuropas. Landschaft Davos, 21. November 2023.

Rechts Zu den Abwehrtaktiken des Rehs gegenüber seinen verschiedenen Feinden gehört der Unterschlupf im deckungsreichen Wald. Zernez, 18. Januar 2023.

Links Besondere Vorsicht nahe beim Nahrungsplatz: Die Wölfin F18 nähert sich am Abend behutsam einem Stunden zuvor gemachten Riss. Ofenpassgebiet, 12. Oktober 2022.

Rechts Wildheit pur: Die Beute, ein starker Gämsbock, wird angepackt und an eine flachere Stelle geschleift. Ofenpassgebiet, 12. Oktober 2022.

Links Wildnis im Yellowstone Nationalpark, USA: Durch das Wiederauftreten von Wölfen wurde der Verbissdruck der Pflanzenfresser gemindert, sodass Laubbäume und -sträucher besser gedeihen konnten. 9. April 2023.

Rechts Das weibliche Elterntier des Shrimp Lake-Rudels (1228F) mit Halsbandsender. Im Yellowstone Nationalpark, USA, führte die wissenschaftliche Forschung mit markierten Wölfen zu grundlegenden Erkenntnissen. 9. April 2023.

Links Der Kolkrabe gehört zur Begleitfauna des Wolfs und profitiert – ebenso wie andere Aasfresser – von dessen Beuten. Yellowstone Nationalpark, USA, 4. April 2023.

Rechts Ein Grizzlybär nach der Winterruhe. Nun bieten Huftierkadaver und alsbald auch die neu geborenen Hirschkälber Nahrung; außerdem werden Risse von Wölfen ergattert. Yellowstone Nationalpark, USA, 12. April 2023.

Links Der Kojote ist der nächste Verwandte des Wolfs, sieht ähnlich aus wie dieser und wird deshalb nicht selten mit ihm verwechselt. Yellowstone Nationalpark, USA, 9. April 2023.

Rechts Ein Puma, nicht näher verwandt mit dem Wolf, jedoch als große Katzenart mit ökologischen Überschneidungen zu diesem. «Mountain lions» und Grizzlybären können den primär vom Wolf ausgehenden Jagddruck auf Wapitihirsche erhöhen. Yellowstone Nationalpark, USA, 10. April 2023.

Vorkommen des Wolfs in Raum und Zeit

Verbreitung und Bestandsentwicklung

Ursprünglich besetzte der Wolf wohl das größte Verbreitungsgebiet aller Landsäugetiere. Sein Areal erstreckte sich mit Ausnahme von Afrika über weite Teile der Nordhemisphäre. In den vergangenen Jahrhunderten wurde er allerdings wegen der Nahrungskonkurrenz zum Menschen, speziell wegen der Probleme mit der Viehwirtschaft, sowie als reale oder vermeintliche Gefahr intensiv verfolgt, sodass er aus großen Teilen Europas, Südasiens und fast aus dem gesamten südlichen Abschnitt Nordamerikas verschwand. Derweil breiteten sich andere Säugetierarten wie die Wanderratte im Zuge der menschlichen Mobilität weltweit aus; sie sind nun bezüglich Arealgröße Rekordhalter geworden. Dass der Wolf nicht auf die Südhalbkugel vorgedrungen ist, dürfte mit den dazwischenliegenden Wüstengebieten und tropischen Regenwäldern zu tun haben: Erstere sind zu karg, Letztere zu dicht bewachsen, und in beiden Gürteln könnte die Konkurrenz mit anderen großen Beutegreifern mitgespielt haben.

Sein riesiges Verbreitungsgebiet bestätigt, dass der Wolf enorm anpassungsfähig ist und sich sehr erfolgreich behauptet. Dies gründet auf seiner mit dem Sozialverhalten verbundenen Flexibilität, der geistigen Regsamkeit sowie auf der nicht besonders spezialisierten Form des Nahrungserwerbs. Bei diesem gibt es jedoch eine Ausnahme: das hoch entwickelte Jagdverhalten im Kollektiv. Der Wolf ist insgesamt gesehen ein Allrounder, der in der Lage ist, unter nahezu gegensätzlichen klimatischen Bedingungen und mit Begleitfaunen unterschiedlicher Ausprägung zu leben. Das wird auch in der Toleranz gegenüber menschlicher Präsenz deutlich. Wölfe kommen vom Norden Grönlands bis zur Arabischen Halbinsel und ebenfalls in Südindien vor, sie erbeuten an der Westküste Kanadas Fische und leben in Teilen Asiens oft von Nutztieren, sie besiedeln menschenleere Gebiete ebenso wie Kulturlandschaften und existieren selbst im Umfeld von Städten. In all diesen Räumen sind sie mit Konkurrenten vorab aus der Familie der Katzen konfrontiert, in weiten Teilen der alten Welt mit Eurasischen Luchsen, in den Gebirgen Zentralasiens zusätzlich mit Schneeleoparden, in Asien gebietsweise auch mit Leoparden und Tigern, in Nordamerika mit Pumas. Die nahe mit dem Wolf verwandten, aber bedeutend kleineren Kojoten und Goldschakale weichen ökologisch von ihm ab, wodurch Rivalität weitgehend entfällt.

Passend zur Arealgröße des Wolfs zeigt sich bei der Höhenverbreitung eine bemerkenswerte Amplitude: Zum Verbreitungsgebiet gehören einerseits Meeresküsten, andererseits Hochlagen bis gegen 6000 m ü. M. im Himalaja und auf dem Tibet-Plateau. Dort bot sich mir ein Naturerlebnis, das zu meinen eindrücklichsten überhaupt gehört: Im Jahr 2006 unternahm ich eine abenteuerliche Reise nach Tibet, in den äußerst abgelegenen nordwestlichen Abschnitt, genauer ins Aru-Becken. Ich recherchierte für meine damalige Studie zum Thema Wilderei und sammelte Erfahrungen zur Produktion von Shahtoosh, der feinsten Wolle, die aus den Haaren gewilderter Tibet-Antilopen gewonnen wird. Auf einer allein unternommenen Tour in den Bergen westlich des Aru Tso (Tso: See) begegnete ich am 4. Juni zwei Wölfen. Einer von ihnen präsentierte sich in der Folge wiederholt vor mir, zuweilen mit Heullauten, stets aber auf einige Hundert Meter Distanz. Ich versuchte mich anzunähern, der Wolf wich zurück und hielt ungefähr denselben Abstand ein. Mit der Zeit wurde mir bewusst, dass ich von etwas weggeleitet werden sollte. Ich ging zurück ins Gebiet der ersten Begegnung, suchte das Gelände mit dem Fernglas ab und entdeckte Jungwölfe, die gut einen Monat alt waren (s. Abbildung S. 71). Beobachtungen am Folgetag bestätigten sechs Welpen. Sie kamen nach Sonnenaufgang aus ihrer Höhle am Fuß eines Findlings hervor und spielten dann in der nächsten Umgebung miteinander sowie mit einem vor dem Bau liegenden abgebrochenen Antilopenhorn. Dass Wölfe auch in diesem schwer erreichbaren Gebiet nicht nur Freunde haben, wurde durch den Fund eines Wolfskadavers bei einem inzwischen verlassenen Nomadenlagerplatz deutlich: Der Scheitelkamm ließ menschliche Gewalteinwirkung erkennen.

In den vergangenen Jahrhunderten wurde hauptsächlich in Europa und in den USA ein Vernichtungsfeldzug gegen den Wolf geführt, mit allen Mitteln einschließlich Propaganda. Kaum ein anderes Tier wurde derart radikal verfolgt. Wölfe wurden in die Enge getrieben und abgestochen, in Fallen erschlagen, durch Wolfsangeln (ein eisernes Fanggerät) malträtiert, vielerorts vergiftet und bei jeder Gelegenheit abgeschossen. In der Valle Maggia im Tessin steht einer der ältesten Zeugen dieser Epoche, eine aus dem 14. oder 15. Jahrhundert stammende Wolfsfalle in Form eines steinernen Bauwerks. Der im deutschen Sprachraum verbreitete Flurname «Wolfsgrube» erinnert ebenfalls an diese unglückseligen Zeiten. Später wurde den Wölfen vermehrt mit Schusswaffen der Garaus gemacht, und das Auslegen von Ködern mit Strychnin hatte eine ähnlich verheerende Wirkung. Dazu kamen die Übernutzung der Wälder sowie die Überbejagung von wild lebenden Huftieren. In der Schweiz wurden der Steinbock, der Rothirsch und nahezu gänzlich auch das Reh und das Wildschwein zum Verschwinden gebracht; einzig die Gämse vermochte sich zu behaupten, jedoch bloß in reduzierten Beständen. Dadurch wurde dem Wolf die natürliche Lebensgrundlage weitgehend entzogen, was ihn zu Übergriffen auf Haustiere zwang. Das Vieh war für die damalige, ärmliche Bevölkerung existenzbestimmend, entsprechend wertvoll und musste mit allen Mitteln geschützt werden. Dies alles ermöglichte und beschleunigte die Ausrottung des Wolfs. Dank seiner Anpassungsfähigkeit, seines Fortpflanzungspotenzials und seines raumgreifenden Verhaltens hielt er sich dennoch hartnäckig oder tauchte als Weitwanderer immer wieder auf. Konrad Bretscher hat schon vor über 100 Jahren die Geschichte des Wolfs in der Schweiz beschrieben und dessen Niedergang im Verlauf des 19. Jahrhunderts dokumentiert, ebenso Tom Michael Etter aus neuerer Perspektive. Die meisten späten Nachweise stammen aus dem Tessin und vor allem aus dem Jura. Gemäß François de Beaufort besiedelte der Wolf in Frankreich kurz vor der Jahrhundertwende noch verschiedene Gebiete im Nordosten und Südwesten, verschwand dann aber in den 1930er-Jahren aus seinem letzten Refugium westlich des Zentralmassivs. Im Apennin, in Italien, vermochte die Art zu überleben.

Die bisher skizzierte Ausrottungsgeschichte ist abgesehen von gewissen zeitlichen Unterschieden auch für andere europäische Länder repräsentativ. So verschwand der Wolf beinahe aus ganz West- und Mitteleuropa; einzig in Spanien und Portugal, im Bereich der Beskiden zwischen der Slowakei und Polen sowie in Nordostpolen überlebten Restpopulationen. Der Arealverlust betraf sogar Skandinavien und weite Teile Finnlands. Den nordischen Rentierhaltern war der Wolf stets ein Dorn im Auge. Ihre jagdliche Entschlossenheit dürfte der Grund sein, dass der Wolf mit Ausnahme russischer Grenzgebiete ganz Lappland aufgeben musste und bis heute nur vereinzelt dorthin zurückgekehrt ist. Das Überleben des Wolfs im Apennin bei viel höherer menschlicher Präsenz als in Nordeuropa mag verwundern, weist aber darauf hin, dass unsere Toleranz für das Vorkommen von Großraubtieren oft ein ausschlaggebender Faktor ist. In Nordamerika südlich der Grenze Kanada/USA sowie in weiten Teilen im südlichen Asien wurde der Wolf ebenfalls großflächig ausradiert. Wie im Kapitel zu den Eigenschaften des Wolfs ausgeführt, wurden selbst im Yellowstone Nationalpark anfänglich Wölfe verfolgt.

Die heute verbreitete Gesinnung, die allen Lebewesen ein Daseinsrecht zuspricht, setzte sich erst nach Mitte des 20. Jahrhunderts durch. Und es sollte nicht erstaunen, dass der Wolf mit seinem traditionell schlechten Image zu den letzten Arten gehörte, die von dieser neuen Auffassung profitieren durften. Es dauerte, bis man über die Schadwirkungen hinaus den ökologischen Wert des Wolfs erkannte und damit begann, ihn als Teil der Natur zu würdigen. Schließlich gewann das Konzept des ganzheitlichen Schutzes der Natur die Oberhand. Diese Haltung wurde dadurch begünstigt, dass Wölfe in Mitteleuropa vorerst weitgehend fehlten. Die Restbestände in benachbarten Räumen vermochten sich dann aber zu erholen, unterstützt durch fast überall verbesserte Lebensbedingungen. Der damit verbundene Populationsdruck führte zur großflächigen Ausbreitung in den Alpen einschließlich benachbarter Mittelgebirge und ebenso im norddeutschen Tiefland sowie in Nordeuropa.

Situation in den Alpen

Die letzten Refugien der historischen Wölfe im Alpenbogen befanden sich auf dessen Südabdachung. Dort konnte bei den damals kargen Ernährungsbedingungen am ehesten Beute gemacht werden, nämlich bei den auch in der kalten Jahreszeit oft draußen gehaltenen Nutztieren. Im Tessin und im Misox (Graubünden) verschwand der Wolf gegen Ende des 19. Jahrhunderts, gleich wie in den französischen Alpen. Aus den italienischen Alpen sind Wolfstötungen bis in die 1920er-Jahre nachgewiesen, so im Piemont und im Bellunese. Christophe Dufresnes und seine Mitarbeiter vermuten aufgrund genetischer Analysen noch bedeutend spätere Reliktvorkommen, die eventuell erst in den 1950er-Jahren erloschen sind.

Die neuere Geschichte des Wolfs in den Alpen beginnt 1971 im südlich benachbarten Apennin. In jenem Jahr wurde der Wolf in Italien unter Schutz gestellt, verstärkt ab 1976, worauf sich der damalige Restbestand von lediglich rund 100 Tieren entwickeln und ausbreiten konnte. Bis zum Ende des 20. Jahrhunderts war der Apennin auf seiner ganzen Länge wiederbesiedelt. Mehr noch, ausgehend vom Ligurischen Apennin wurden ab Mitte der 1980er-Jahre einzelne Wölfe in den Westalpen nachgewiesen, 1992 zwei Exemplare im Nationalpark Mercantour in Frankreich. In den französisch-italienischen Westalpen wuchs die Wolfspopulation rasch an, begünstigt durch eine gute Ernährungslage dank regional hoher Wildtierbestände. Gemäß der Wolf Alpine Group, einem Netzwerk von Fachleuten für das Wolfsmonitoring, gab es in den französisch-italienischen Westalpen bis 2012 gut 30 Rudel, zehn Jahre später waren es sogar etwa 170 Rudel, Paare nicht miteingerechnet. Bis 2020/2021 hatte sich der Wolf mit 25 Familien auch in den italienischen Ostalpen eingerichtet, mit einem Verbreitungsschwerpunkt nordöstlich des Gardasees bis zum Friaul. Wie im vorherigen Kapitel am Beispiel des Wolfs Slavc erwähnt, kommt es im Osten der italienischen Alpen zunehmend zu Verbindungen zwischen der italienisch-alpinen Population und jener im Dinarischen Gebirge. Letztere erreichte zwar nie die Dynamik der vom Apennin ausgehenden Wolfspopulation, hatte sich aber 2011 mit einem ersten Rudel immerhin bis in den Nordwesten Sloweniens ausgebreitet und somit den südöstlichen Rand der Alpen erreicht. 2020/2021 lebten 5 Rudel im slowenischen Alpenabschnitt.

Bereits 1995 wurde der erste wölfische Einwanderer in der Schweiz, im Unterwallis, bestätigt. Die Wiederbesiedlung unseres Landes verlief dann aber nur schleppend: Es dauerte nicht weniger als 17 Jahre, bis bei Schweizer Wölfen Nachwuchs nachgewiesen werden konnte. Die erste Fortpflanzung fand weit entfernt von der französisch-italienischen Alpenpopulation statt, am östlichen Ende der alpinen Längsfurche Rhonetal–Urserental–Vorderrheintal, die eine Ausbreitungsachse für Wölfe darstellt. Im Bereich der Einwanderungspforte von Wölfen in die Schweiz, im Wallis, kam es erst 2016 zum ersten bekannten neuzeitlichen Wolfsnachwuchs. Die Ursache für die in der Schweiz gedrosselte Ausbreitungsdynamik braucht man nicht lange zu suchen: Es sind die Menschen, konkret ihre speziell im Kanton Wallis vehemente, bereits im einleitenden Kapitel dargelegte Opposition gegen das Wiederauftreten des Wolfs. Es ist quasi eine Neuauflage der Erfahrungen mit dem wiederangesiedelten Luchs. Aufgrund eigener Untersuchungen war diese Katze in den 1980er-Jahren südlich der Rhone gut vertreten, doch verschwand dieses Vorkommen gemäß den Recherchen von Raphaël Arlettaz und seinen Mitarbeitenden im Verlauf der folgenden Jahrzehnte – wegen der fehlenden Akzeptanz und der damit verbundenen Wilderei. Erst in den letzten Jahren vermochten hier erneut einige Luchse Fuß zu fassen.

Das Wachstum der Schweizer Wolfspopulation erfolgte wesentlich vom Kanton Graubünden aus, wo man vonseiten des kantonalen Amtes für Jagd und Fischerei die Behandlung der neuen Wildtierart pragmatisch anging. Das erste Wolfspaar lebte im Gebiet des Calanda bei Chur. Es war sehr produktiv, sorgte gemäß KORA zwischen 2012 und 2019 alljährlich für Nachwuchs und entwickelte sich so zu einem für die Bestandsausbreitung wichtigen Kern. Bis Ende 2019 lebten 5 von den damals 7 in den Schweizer Alpen etablierten Wolfsrudeln ganz oder teilweise im Bündnerland. Anfang 2024 gab es laut KORA in den Schweizer Alpen 30 Wolfsrudel, davon 8 grenzüberschreitend zu Italien oder Frankreich; 5 weitere Rudel hatten sich im Jura angesiedelt, die meisten nahe der französischen Grenze. Die Kernbereiche des Vorkommens lagen im Raum zwischen Mittelbünden und Walensee sowie neu auch im Unterwallis.

Wölfe im Ofenpassgebiet und im Raum Davos–Klosters

Die moderne Besiedlungsgeschichte in meiner Heimatregion soll hier als Fallbeispiel für die Rückkehr des Wolfs dargestellt werden. Dabei geht es um zwei verschiedene Landschaften: einerseits das mittlere Engadin mit der Wildnis im und um den Schweizerischen Nationalpark (SNP) im Ofenpassgebiet und andererseits die alpine Kulturlandschaft auf beiden Seiten des Wolfgangs zwischen Davos und Klosters. Die hier präsentierten Wolfsfotos aus den Alpen zeigen ausschließlich Tiere aus diesen beiden Gebieten, und zwar – ohne die Abbildung auf der letzten Seite – durchweg aus der ersten Besiedlungsphase: Zuerst dokumentierte ich die Pionierindividuen am Ofenpass (2016–2022) und anschließend die Familiengründungen in Davos (2023) und Klosters (2024).

Engadin: Wie vielerorts wurde die Vorgeschichte des Wolfs im Engadin im 19. Jahrhundert besiegelt: Gemäß Stefan Brunies, Mitbegründer und erster Leiter des SNP, tötete ein Zernezer in den 1820er-Jahren eine Wölfin mit zwei Welpen im Ofenpassgebiet. Nach 1848, als drei Wölfe bei Tarasp gesehen wurden, galt die Art im Engadin als verschwunden. Im wissenschaftlichen Führer «Durch den Schweizerischen Nationalpark» aus dem Jahr 1966 wurde die Chance auf eine Rückkehr pessimistisch beurteilt. Mit der Erholung der Wolfspopulation im Apennin und der dynamischen Entwicklung in den Westalpen änderten sich die Aussichten seit der Jahrtausendwende jedoch grundlegend. Wie im Atlas des Schweizerischen Nationalparks und in der Nationalparkzeitschrift «Cratschla» nachzulesen ist, durchstreiften Wölfe seit Jahren ganz Graubünden, ehe der erste – eine Fähe mit der Bezeichnung F18 – innerhalb des SNP nachgewiesen werden konnte. F18 hatte sich ab Dezember 2016 im Gebiet etabliert; sie war die seit Menschengedenken erste in Südbünden ansässig gewordene Wölfin.

Die genetische Untersuchung von Hinterlassenschaften verriet erwartungsgemäß die Herkunft der neuen Parkbewohnerin aus der apennisch-alpinen Wolfspopulation. Gleichzeitig wurde die Vermutung zur Gewissheit, dass es sich um eine Wölfin handelte, eben F18, das 18. Weibchen aus der Schweiz, das im Rahmen des genetischen Wolfsmonitorings an der Universität Lausanne nachgewiesen worden ist. F18 war wahrscheinlich 2015 im Calanda-Gebiet geboren worden und wurde im Folgejahr anlässlich ihrer Jugendwanderung bei Bergün in Mittelbünden, Celerina im Oberengadin und erneut im Raum Bergün lokalisiert. Als sie sich nun im Ofenpassgebiet einrichtete, einem optimalen Lebensraum, durfte man bald eine Familiengründung erwarten. Diese Hoffnung hat sich jedoch nicht erfüllt: F18 blieb allein, obwohl bekannt ist, dass einzelne Männchen durch die Gegend streiften.

In einem Schwerpunktbeitrag in der «Cratschla» 2019, unmittelbar vor meiner Pensionierung als Nationalparkdirektor, haben wir die ersten beiden Jahre Wolfspräsenz im und um den Schweizerischen Nationalpark anhand von 326 Wolfsnachweisen dokumentiert: F18 besetzte damals ein rund 130 km^2 großes Gebiet zwischen dem Ofenpass einschließlich des obersten Münstertals sowie der Val Mora und dem Raum Zernez im mittleren Engadin. Dabei wurde sie oft im Bereich des oberen Waldsaums und gelegentlich in der darüberliegenden alpinen Höhenstufe festgestellt. Sporadisch suchte sie Gebiete im Raum Giarsun–Ardez im Unterengadin und in der hinteren Val S-charl (nordöstlich des Ofenpasses) auf und machte dort Beute. Erwartungsgemäß jagte F18 so gut wie ausschließlich die zahlreich vorhandenen wild lebenden Huftiere: 30 Risse, gänzlich oder weitestgehend von F18, betrafen primär Rothirsche, speziell deren Kälber, aber auch Rehe und Gämsen. Die Wölfin stand als Einzeltier derart vielen Beutetieren gegenüber, dass es zu keinem substanziellen Einfluss auf deren Bestände kommen konnte. F18 ließ Nutztiere fast durchweg in Ruhe.

Im Herbst 2022 änderte sich die zuvor jahrelang mehr oder minder unverändert gebliebene Wolfssituation am Ofenpass: Am 6. November konnte ich dort einen Wolfsrüden fotografieren (s. Abbildung S. 83) und Urin von ihm sicherstellen. Wie sich aufgrund der genetischen Analyse bestätigte, handelte es sich um einen männlichen Wolf, der als M312 bezeichnet wurde. Dieser machte offensichtlich Anstalten, hier sesshaft zu werden; er hielt sich spätestens seit der zweiten Oktoberhälfte im Gebiet auf. Dies ergab die Analyse von Kotproben, die von Nationalparkmitarbeitenden gefunden worden waren. Am 17. November erbeutete allen Anzeichen zufolge F18 ein Gämskitz, gut 2 km vom Beobachtungsort des Rüden elf Tage zuvor entfernt. Zwei Tage später tat sich nach den Spuren zu schließen ein großer Wolf daran gütlich, wohl M312, notabene ohne Begleitung. In der Folge konnten dank täglicher Feldbegehungen mehrere Male Wolfsspuren, insbesondere des Männchens, im Gebiet festgestellt werden: In sämtlichen Fällen waren die Tiere einzeln unterwegs gewesen. Am 6. Dezember hatte sich F18 in den Raum Zernez begeben, wo ich einen bemerkenswerten Lagerplatz fand, in einem selbst für Wölfe mühsam zugänglichen Waldabschnitt mit äußerst dichtem Gestrüpp. Die Wölfin hatte sich offensichtlich versteckt. Dies geschah kaum aus Furcht vor Menschen, denn F18 wurde Stunden später am Dorfrand gesehen; sie war nie besonders scheu. Die Vermutung liegt nahe, dass sie konkurrierenden Artgenossen aus dem Weg ging. Am selben Tag registrierte Nationalparkwächter Not Armon Willy im Ofenpassgebiet die Spuren zweier zusammengehender Wölfe. Der eine hatte große, der andere kleine Trittsiegel.

In den folgenden Monaten konnte dieses frisch gebildete Wolfspaar, bestehend aus dem Rüden M312 und der Fähe F98, fortgesetzt nachgewiesen werden. Die Spuren im Schnee zeigten, dass die beiden ausgiebig miteinander herumtollten. Der beanspruchte, jetzt vom Männchen häufig durch Urin markierte Raum umfasste eine etwas größere Fläche als sie vorher von F18 allein genutzt worden war: Das Wolfspaar lebte in dieser ersten Besiedlungsphase im Gebiet zwischen Susch/Lavin im Unterengadin und der oberen Hälfte des Münstertals, also entlang einer Achse von rund 30 km. Im Sommer 2023 verlagerte sich der Aktivitätsschwerpunkt der Wölfe in den Kernraum dieses Streifgebiets, wo erstmals seit 200 Jahren eine Fortpflanzung im Engadin festgestellt werden konnte.

Die Wölfin F18 verließ das Ofenpassgebiet nach sechs Jahren, zeitgleich mit dem Auftreten des neuen Wolfspaars. Sie wurde im Dezember 2022 und im Januar 2023 nahe bei Zernez und in der Nacht einmal sogar mitten im Dorf gesehen. Zwischen Ende Januar und Ende April 2023 gab es – in erster Linie mittels Fotofallen der kantonalen Wildhut – regelmäßige Wolfsnachweise aus dem benachbarten Raum Giarsun–Ardez, die wohl hauptsächlich F18 zugeordnet werden können. Dieses Gelände war der Wölfin bereits durch gelegentliche frühere Erkundungen bekannt. Nun hielt sie sich vorübergehend in einem offenbar bedeutend kleineren Gebiet auf, als dies vorher im Bereich Ofenpass–Zernez der Fall gewesen war. Ab Mai 2023 blieb die Wölfin verschollen. Aus dem räumlichen Verhalten von F18 lässt sich der Schluss ziehen, dass sie durch das neue Wolfspaar verdrängt worden ist und innerartliche Aggression fürchten musste.

Der Grund, weshalb sich F18 nicht verpaart hat, ist unklar. Wölfe sind Individuen und ihre Eigenheiten mögen eine Rolle gespielt haben. Ob die Wölfin ein Leben in Einsamkeit bevorzugt und so eine Rudelbildung verhindert hat? Eine einzelne Wölfin dürfte es allerdings kaum schaffen, sich längere Zeit in einem optimalen Gebiet zu behaupten, es sei denn bei schwachem Populationsdruck, also bei geringer Zahl reviersuchender Tiere.

Die Wölfin F18 hatte lange Zeit wenig Konkurrenz. Dies deutet darauf hin, dass die Bestandsdynamik des Wolfs in Graubünden damals weniger stürmisch war als oft behauptet.

Davos–Klosters: Mehrere Flurnamen deuten auf das historische Vorkommen des Wolfs im Landwassertal und im oberen Prättigau hin. Gemäß der Zusammenstellung von Konrad Bretscher wurden 1767 bei Davos eine trächtige Wölfin und im Folgejahr ein weiterer Wolf getötet. Für 1806 werden «30 Wolfsköpfe und Rachen» erwähnt, die außen am Rathaus in Davos Platz angenagelt gewesen waren. Damals sollen dort «Wolfsgarne», Netze für den Wolfsfang, aufbewahrt worden sein; eines davon ist heute im Davoser Heimatmuseum zu sehen. Im «Landbuch» von Davos, einer amtlichen Gesetzessammlung aus dem 17. Jahrhundert, findet sich unter dem Titel «Gejegtsordnung» eine detaillierte Anleitung, wie das Garn allgemein für das Behändigen von Wildtieren eingesetzt werden sollte.

Im Verlauf der 2010er-Jahre gab es aus dem Raum Davos–Klosters immer wieder einzelne Wolfsnachweise. Diese betrafen Durchzügler oder nur vorübergehend verweilende Tiere der sich ausbreitenden Wolfspopulation. Laut Angaben des kantonalen Amtes für Jagd und Fischerei formierte sich 2021 bei Klosters ein Wolfspaar, das im Folgejahr mit 45 gerissenen Schafen allein innerhalb des Schlappintals beträchtlichen Schaden anrichtete (s. Abbildung S. 126). Dies löste Ende August eine vorzeitige Alpentladung aus und führte zu einer Abschussbewilligung, die im September bei einer Wölfin vollstreckt wurde. Ihr Partner konnte später nicht mehr im Gebiet festgestellt werden. Im Jahr 2023 wurden dort erneut Wölfe bestätigt. In jener Saison blieben im Schlappintal Übergriffe aus; in anderen Teilen der Gemeinde Klosters waren gemäß Wildhüter Stefan Rauch 6 tote und 2 verletzte Schafe zu verzeichnen. Ein Jahr später gab es neuzeitlich erstmals Nachwuchs bei Klosterser Wölfen; in der zweiten Julihälfte 2024 kamen Welpen des mutmaßlichen Elternpaars M307 und F233 zum Vorschein.

Dass Davos als weltbekannter Kongress-, Kur- und Sportort Wölfe beherbergt, darf nicht erstaunen, zumal die Umgebung des städtischen Kerns viel Ländlichkeit und Natur bietet. Nach rund zwei Jahrhunderten Abwesenheit des Wolfs etablierte sich 2022 der Rüde M244 in der Landschaft Davos, später begleitet von der Fähe F153, beides Tiere apenninisch-alpiner Herkunft. Das von diesem Wolfspaar frequentierte Gelände umfasste ungefähr 150 km^2 auf dem Gebiet der Gemeinde Davos zwischen Laret und Schmelzboden einschließlich der Seitentäler. Ende Juli 2023 haben Wildhüter Thomas Fankhauser und ich fast gleichzeitig unabhängig voneinander in einem dieser Täler Welpen entdeckt und somit die Gründung eines Rudels bestätigt. Spätere genetische Analysen ergaben, dass vier Männchen und ein Weibchen aufgezogen wurden. Nahrungsüberreste aus dem ständigen Aufenthaltsbereich der Jungen im August und September, im obersten Waldgürtel gelegen, stammten von zwei Rothirschen, zwei Gämsen, einem Reh und einem Hausschaf. Innerhalb des Aktionsraums dieses Wolfsrudels kam es erst im Verlauf dieser Welpenaufzucht zu Übergriffen auf Nutztiere, wobei sich der Schaden mit 7 Schafen in Grenzen hielt. Über das ganze Jahr gesehen dominierte in der Rissstatistik der Wildhut das Reh, das in Davos besonders zahlreich vorhanden ist.

Das Verhalten der Jungtiere war ab November auffallend unstet; mitunter waren sie einzeln unterwegs. Das einzige Weibchen des Wurfs wanderte außerordentlich früh ab, im Alter von nicht einmal sechs Monaten. Die verfügbaren Informationen (s. Abbildung S. 165) weisen darauf hin, dass es bereits Mitte November den 2383 m hohen Flüelapass überquerte und sich im Unterengadin einfand: Ab dem 17. November kam es zu einer Serie von Wolfsnachweisen zwischen Ardez und Ramosch, die alle oder mehrheitlich demselben Tier zuzuordnen sind. Fotos und Trittsiegel zeigten, dass es sich um ein Exemplar von ausnehmend geringer Körpergröße handelte. Dieses Individuum wurde am 9. Dezember bei Scuol von einem Zug erfasst und getötet. Die genetische Untersuchung wies die halbjährige Wölfin als Jungtier der Davoser Wolfsfamilie aus: F206, so ihre individuelle Bezeichnung, starb 30 km Luftlinie vom Geburtsort entfernt, getrennt vom elterlichen Rudel in einem anderen Talsystem.

Links Himalaja-Wölfe sind hauptsächlich auf dem rauen Tibet-Plateau verbreitet; sie tragen ein besonders dickes Winterfell. Tso Kar, Ladakh, 22. Februar 2023.

Rechts Zwei Himalaja-Wölfe präsentieren sich auf einem Geländerücken. Das sandfarbene Fell ist für diese Wolfsform typisch. Tso Kar, Ladakh, 21. Februar 2023.

Links Kiangs, Tibet-Wildesel, gehören zum Nahrungsspektrum des Wolfs in Hochasien, auch als Kadaver. Tso Kar, Ladakh, 23. Februar 2023.

Rechts Drei Wölfe, Teil des ortsansässigen Rudels, in Einerkolonne. Tso Kar, Ladakh, 21. Februar 2023.

Wölfe sind hart im Nehmen: Die Verletzung im Lendenbereich wurde vielleicht durch einen Draht verursacht oder rührt von einem Kampf her, ist nun aber weitgehend verheilt. Tso Kar, Ladakh, 22. Februar 2023.

Links Der Wolf ist als Großraubtier oft nicht allein: ein Eurasischer Luchs im alpinen Gelände auf 4500 m ü. M. in Ladakh. Rumbak, 18. Februar 2023.

Rechts Ein Schneeleopard verteidigt seine Beute, einen weiblichen Bharal (Blauschaf), selbst gegenüber einer Elster. Phyang, Ladakh, 15. Februar 2023.

Links Im familiärsten Bereich eines Rudels: eine Wurfhöhle – am Fuß des großen Findlings im Bildmittelgrund – in äußerst abgelegenem Gelände im Vorfeld eines Gletschers in Tibet. Aru-Becken, 5. Juni 2006.

Rechts Wolfswelpen im Alter von gut einem Monat vor dem Eingang der Wurfhöhle. Diese liegt auf 5360 m ü. M. und ist möglicherweise die höchstgelegene, die bisher Eingang in die Literatur gefunden hat. Aru-Becken, Tibet, 4. Juni 2006.

Links Die Welpen suchen den Körperkontakt mit Geschwistern, können aber auch aufbegehren. Aru-Becken, Tibet, 5. Juni 2006.

Rechts Spielerisch tasten sich die Jungtiere an die Herausforderungen des Lebens heran. Aru-Becken, Tibet, 5. Juni 2006.

Links Überreste eines Wolfs, der unweit eines inzwischen verlassenen Nomadenlagers offenbar in ein Fußeisen geraten war und dann erschlagen wurde. Aru-Becken, Tibet, 4. Juni 2006.

Rechts Bessere Aussichten für den einsamen Himalaja-Wolf auf der Hochsteppe: Die jüngere Geschichte von Ladakh zeigt, dass Wölfe auch in Weidegebieten geduldet, ja sogar respektiert werden können. Tso Kar, 23. Februar 2023.

Links Wolfsgruben waren einst vielerorts in Betrieb: Das Relikt einer solchen Einrichtung nahe des Walliser Dorfs Zeneggen, wo Großraubtiere besonders intensiv bekämpft wurden. 7. Juli 2023.

Rechts Die Fassade des Hotels «Kessler's Kulm» auf dem Wolfgang mit der Darstellung einer Wolfsjagd, die im alten Davos auch mit Netzen und Blankwaffen betrieben wurde. 19. Oktober 2023.

Links Wildnis am Ofenpass im Bereich des Schweizerischen Nationalparks. Hier lebte ab Ende 2016 die erste nach Südbünden zurückgekehrte und ortsfest gewordene Wölfin, F18. 31. August 2020.

Rechts In der Morgendämmerung auf einer Warte mit gutem Ausblick: die Wölfin F18. Ofenpassgebiet, 10. August 2018.

Ein starker Rothirsch mit blank gefegtem Geweih. Wölfe wägen bei Angriffen Chancen und Risiken ab und machen deshalb bevorzugt Jagd auf weniger wehrhafte Individuen oder andere Huftiere. Ofenpassgebiet, 27. August 2024.

Links Ein unfreiwilliger Abgang: Nach sechs Jahren alleiniger Präsenz am Ofenpass muss die Wölfin F18 Artgenossen weichen. Ofenpassgebiet, 9. November 2022.

Rechts Der neue Revierinhaber am Ofenpass: Der Rüde M312, der den Abschied von F18 aus diesem Gebiet einleitete. 6. November 2022.

Wolfsprojektionen in den Köpfen der Menschen

Der Wolf als Teil der Wildnis

Im Klassiker von Friedrich von Tschudi «Das Thierleben der Alpenwelt», zum Beispiel in der 1860 erschienenen fünften Auflage, werden die «großen zusammenhängenden, nicht zu durchdringenden und beherrschenden Waldgebiete» erwähnt, derer die Wölfe «zu ihrer weiten Jagd bedürfen». Gleichzeitig wird darauf hingewiesen, dass Wölfe in kalten Wintern nicht davor zurückschreckten «sich bis an die größeren Städte hinanzuwagen». Eine Bildtafel zeigt denn auch einen Wolf im Schnee am Rand einer Siedlung, wohl bewusst nahe beim Friedhof. Friedrich von Tschudi hat in seiner diskreditierenden, für jene Zeit typischen Beschreibung des Wolfs dessen räumliche Beziehung zu Natur und Mensch gut charakterisiert; es gab ja damals noch Wölfe hierzulande oder man erinnerte sich zumindest an sie.

Heutzutage wird der Wolf von manchen Personen gedanklich mit den großen nordischen Nadelwäldern in Verbindung gebracht, ähnlich wie dies beim Braunbär oder beim Elch der Fall ist. Das kilometerweit hörbare Wolfsgeheul gilt als Ruf der Wildnis – ein von Menschen geprägtes, unscharf definiertes Bild von Urnatur. Der Wolf ist zum Symbol für «Wilderness» geworden, ein gemäß Jon Mathieu in Nordamerika entstandenes und auf Europa übertragenes Konzept ehrfürchtiger, evangelisch fundierter Bewunderung unversehrter Landschaft mit allen dazugehörenden Lebewesen. Bereits in der Einleitung zum vorliegenden Buch ist die Gleichsetzung von Wolf und unberührter, menschenleerer Natur relativiert worden. Die Vorstellung vom Wolf in der schier endlosen Taiga hält sich auffallend hartnäckig. Dies hat damit zu tun, dass man nach der Ausrottung des Wolfs in Mitteleuropa unserer Kulturlandschaft kaum mehr ein Raubtier zugesteht, das selbst große Huftiere zu erbeuten vermag. Vielmehr wünscht man es ins Niemandsland. Über ein Jahrhundert der Naturentfremdung ohne Kontakt zu Großraubtieren prägen üblicherweise das Bild des Wolfs bei vielen Menschen.

Die Assoziation von Wolf und Wildnis rührt daher, dass wir es verlernt haben, uns Menschen als Teil der Natur zu sehen. Unser Gesellschaftsprinzip fußt nach wie vor auf Differenzierung, und das bedeutet oft Klassifizierung: Geschlechter und ihre Rollen, Altersstufen, Herkünfte, Einkommen und Besitzverhältnisse, politische Gesinnungen sowie vieles mehr. In dieses Schema passt die Separierung von Siedlungsraum und Natur, von urban und ländlich, von Stadt- und Berggebiet, von Kulturlandschaft und Wildnis. Der Wolf ist ein Grenzgänger und hält sich nicht an solche räumlichen Zuordnungen. Er stört unsere Ordnungsprinzipien, was schließlich unser stetes Verlangen nach umfassender Kontrolle untergräbt. Wölfe sind deshalb vielen von uns suspekt. Elisa Frank und Nikolaus Heinzer haben diese Beziehungen in ihren aufschlussreichen Arbeiten zum Wolf aus kulturanthropologischer Sicht dargestellt und diskutiert.

Die Konfliktlinien und emotionalen Debatten um den Wolf machen diesen zu einem geeigneten Instrument, um Aufmerksamkeit in der Politik zu gewinnen und sich zu profilieren. So hat der ehemalige Davoser Skistar und stellvertretende Bündner Großrat Paul Accola anlässlich der Abstimmungskampagne zur bereits erwähnten Änderung des eidgenössischen Jagdgesetzes im Jahr 2020 vorgeschlagen, im Zürichsee «Krokodile und giftige Schlangen» auszusetzen, um die Städter die Naturnähe spüren zu lassen, die sie am Beispiel des Wolfs mehrheitlich propagierten.

Berggebietspolitik funktioniert einzig durch Austausch mit urbanen, wirtschaftlich starken Regionen. Wenn das Trennende gesucht wird, rüttelt dies am Grundprinzip des nationalen Einvernehmens. Aber auch global sind wir gut beraten, die großen Herausforderungen unserer Zeit mit einem ganzheitlichen Ansatz zu behandeln. Selbst in der Wissenschaft, die traditionell durch die Teilung von Fachgebieten und entsprechender Spezialisierung zu großen Erfolgen gekommen ist, wird das Verbindende ständig wichtiger, um die komplexen Systeme in der Natur zu verstehen sowie Gesellschaft und Technik weiterzuentwickeln. Enzyklopädische Kenntnisse sind breit verfügbar; beim Zusammenspiel der Kräfte, insbesondere langfristig, gibt es indes weiterhin große Wissenslücken, so auch beim Wolf und seiner ökologischen Einbettung.

Klar ist, dass Wölfe dort leben, wo sie ihr Auskommen finden, und das ist eben längst nicht nur fernab der Menschen in der Wildnis. So gehört das in den letzten Jahren wiederholt bei uns dokumentierte gelegentliche Auftreten von Wölfen in Siedlungsnähe zum normalen Verhaltensmuster. Da sich dort regelmäßig Nahrung finden lässt, ist dies leicht nachvollziehbar. Wenn neugierige Jungtiere Streifzüge bis zu menschlichen Behausungen unternehmen, braucht man sich noch nicht zu sorgen.

Isegrim und die Menschen

Der Umgang des Menschen mit dem Wolf hat sich im Verlauf der Zeit gewandelt. Summarisch betrachtet, können drei aufeinanderfolgende Phasen mit sich stark verkürzender Dauer unterschieden werden: In vorgeschichtlicher Epoche dürfte die Beziehung mehrheitlich respektvoll gewesen sein. Die damaligen Jäger und Sammler müssen vom Wolf als wirkungsvollem Beutegreifer beeindruckt gewesen sein. Es ist anzunehmen, dass sie sich vom Wolf jagdlich inspirieren ließen und überdies von frischen Rissen profitiert haben, die unter Umständen von Kolkraben angezeigt wurden. Es kommt nicht von ungefähr, dass naturnahe Gesellschaften dem Wolf und dem Kolkraben bis heute oft mit Ehrerbietung begegnen und dass diese Tiere nebst anderen Arten kulturelle Bedeutung erlangt haben. Indigene Völker Nordamerikas erkannten zwischen sich und den vergleichbar sozialen und erfolgreichen Wölfen eine Verbindung und sprachen ihnen eine wichtige Stellung in der Mythologie zu, vielleicht auch, um ihre eigene Furcht vor dem Wolf zu überwinden. Diese naturreligiös begründete demütige Haltung darf nicht idealisiert dargestellt werden. In der Realität gab es wohl immer schon Abweichungen. Dies gilt jedenfalls für heutige Ureinwohner, die dem Wolf mitunter kontrovers begegnen.

Den Auftakt zur zweiten Phase bildete einer der markantesten Umbrüche in der Menschheitsgeschichte: das Sesshaftwerden nach dem Ende der letzten Eiszeit vor rund 12'000 Jahren. Damit gingen die Einführung und Weiterentwicklung der Landwirtschaft einher, womit die Menschen ihre eigene Umwelt schufen und sich so zunehmend ökologisch aus- und abgrenzten. Nutztierherden bedeuteten Konkurrenz für die Wildtiere. Schlimmer für Letztere war freilich der menschliche Jagddruck, der zu markanten Bestandseinbussen führte. So kam es vermehrt zu Übergriffen von Wölfen und anderen Raubtieren auf das Vieh, vorab auf Schafe und Ziegen. Fortan galt der Wolf als schädlich. Er wurde stigmatisiert, erst recht seit dem Mittelalter, als die Zahl der Menschen anstieg, die Landnahme andauernd ausgedehnt wurde sowie kaum oder nur notdürftig bestattete Kriegstote oder Opfer von Epidemien dem Wolf Nahrung boten. Viel mehr als der behäbige Bär oder der verborgene Luchs stand der Wolf für die Mühsal bei der Beherrschung der wilden Natur, für das Ungezähmte, Unwägbare, Beängstigende. Eher als die beiden anderen Großraubtierarten getraute sich der Wolf, die Grenze zur menschlichen Sphäre zu überschreiten und löste dadurch eine Kampfansage aus. Conrad Gessner leitete in seinem «Thierbuoch» aus dem Jahr 1563 den Beitrag zum Wolf mit folgenden Worten ein: «Der Wolff ein röubig, schädlich, frässig thier». Schließlich resümierte Konrad Bretscher 1906: «Dem Wolfe gegenüber allerdings wäre Sympathie und Schonung wenig angebracht gewesen und wir wollen unsern Vorfahren Dank wissen, dass sie uns von dieser Plage befreit haben.»

Ressentiments gegenüber dem Wolf sind ein Teil unserer Kulturgeschichte, positive Beziehungen zwischen Mensch und Wolf gehören zu den Ausnahmen. Bei Letzteren sind die Zwillinge Romulus und Remus zu nennen, die gemäß der römischen Mythologie von einer Wölfin, in der latinischen Tradition sogar ein heiliges Tier, aufgezogen wurden und später die Stadt Rom gründeten. Regional erwähnenswert ist der archäologische Wolf von Müstair, ein im 17. Jahrhundert sorgfältig und somit achtungsvoll innerhalb des Klosters St. Johann vergrabener Wolfskadaver, dessen Skelett auf eine vorgängige, möglicherweise pflegliche Haltung in menschlicher Obhut schließen ließ.

In jenen Zeiten wurden dem Wolf fast ausschließlich üble, verhängnisvolle Eigenschaften zugeschrieben, von Äsop, dem bekannten Dichter des Altertums, über die Märchen der Brüder Grimm bis zur zoologischen Fachliteratur im 19. und zum Teil noch im 20. Jahrhundert. Isegrim, der Wolf als Fabeltier, ist stark, rücksichtslos, gierig, aber auch schwerfällig und unkundig, dem Fuchs Reineke geistig unterlegen. Wölfe sind im Volksglauben tief verankert, sie prägen Redewendungen wie «der Wolf im Schafspelz» und sind seit alters Schlüsselfiguren in Mythen und Märchen. «Der Wolf und die sieben Geißlein» sowie «Rotkäppchen» sind weitere allseits bekannte Erzählungen, bei denen der Wolf nicht gut wegkommt und im Zuge späterer Versionen zunehmend radikalisiert wird.

Die Personifizierung des Wolfs, seine unstatthafte Vermenschlichung, wird durch die Figur des Werwolfs – ein Mensch, der sich in einen Wolf verwandeln kann – auf die Spitze getrieben. Diese mythologische und manchmal krankhafte Vorstellung eines Wechselwesens von Mensch und Wolf kommt nicht von ungefähr, gibt es doch zwischen beiden Arten Übereinstimmungen wie das Sozialverhalten oder die Lebensart als leistungsfähiger Jäger. Die Verwandlung von einem Wesen zum anderen, im Horrorgenre schaurig in Szene gesetzt, malt ein besonders Furcht einflößendes Bild. Im «Steppenwolf» von Hermann Hesse, erstmals 1927 erschienen, sieht sich der Protagonist Harry Haller in ähnlicher Weise als Doppelgestalt: Einerseits angepasst in der bürgerlichen Welt lebend, andererseits das wilde Tier verkörpernd, das diese konservative Gesellschaft kritisiert, sich dieser geradezu überlegen fühlt. Mit dem «Steppenwolf» hat der Literaturnobelpreisträger von 1946 das Bild des Wolfs auf eine intellektuell höhere Ebene gehoben und dieses in einem komplexen, nicht nur einseitig negativen Zusammenhang gedeutet.

Das Wölfische in uns ist eine seit Langem existierende Vorstellung, die auch in der lateinischen Sentenz «homo homini lupus» («der Mensch ist dem Menschen ein Wolf», d. h. Menschen können die gefährlichsten Feinde anderer Menschen sein) zum Ausdruck kommt. Darin spiegelt sich der als bösartig empfundene Wolf im Charakter von Menschen (s. Abbildung S. 107). Trotz mancher Parallelen zwischen Wölfen und Menschen im Sozialverhalten und darüber hinaus sind die vom Wolf abgeleiteten negativen Wesensmerkmale nichts anderes als anmaßende Interpretationen. Die uns zugeschriebenen wölfischen Eigenschaften sind zutiefst menschlich. Entgegen den Befunden der ersten Wolfsforscher sind die Hierarchien gemäß Kurt Kotrschal bei Wölfen vergleichsweise flach, ähnlich wie bei den ursprünglichen menschlichen Jägern und Sammlern. In unserer heutigen Gesellschaft ist das Miteinander durch die Arbeitsteilung sowie den weiträumigen Austausch strukturierter und komplexer geworden. Kompetitive und konfrontative Bedingungen akzentuieren die soziale Stellung, verstärken die Gruppendynamik und fördern Führungsansprüche.

Seit nunmehr einem Jahrhundert ist eine dritte, nur allmählich in Fahrt gekommene Phase in der Mensch-Wolf-Beziehung auszumachen: die Anerkennung des Wolfs als einheimisches Wildtier und die Wertschätzung seiner ökologischen Wirkungen als Teil der Biodiversität. Das moderne, objektive Image des Wolfs wurde in erster Linie durch zahlreiche wissenschaftliche Studien geprägt, die für weite Teile seines Verbreitungsgebiets das wahre Wesen dieses Tieres darstellen. Dieses Bild bedarf weiterer Verbreitung. Trotz vieler Bemühungen bleibt Aufklärung essenziell, sind doch in der breiten Bevölkerung die alten Klischees noch allgegenwärtig, und einzelne Medien bedienen sich ihrer weiterhin aus opportunistischen Gründen. «Wölfe in WEF-Nähe gesichtet», so titelte Blick.ch, ein bekanntes Schweizer Medienportal, am 19. Januar 2023 aus Anlass des in jenen Tagen durchgeführten World Economic Forums WEF mit Tausenden Sicherheitskräften und Teilnehmenden aus aller Welt. «Im Davoser Flüelatal spazierten zwei Wölfe über eine Loipe – ganz in der Nähe des WEF. Die Sorge ist gross.» Ob solche Schlagzeilen von aufgeklärten Medienleuten tatsächlich ernst gemeint waren oder eher süßen Schauder auslösen sollten, bleibt offen. Jedenfalls braucht man sich nicht zu wundern, wenn im selben Jahr im benachbarten Zernez die Freiluftaktivitäten des Kindergartens der Wölfe wegen eingeschränkt wurden. Der durch Märchen verinnerlichten Angst vor dem bösen Wolf ist in manchen Bevölkerungsteilen schwer entgegenzutreten. Dies trifft vor allem dann zu, wenn reale Erfahrungen mit dem Raubtier fehlen.

Die Gefährlichkeit, das ist verständlicherweise eine der meistgestellten Fragen zum Wolf. Grundsätzlich gilt: Vor ihm muss man sich nicht fürchten; Menschen entsprechen nicht dem wölfischen Beuteschema. Angriffe auf Menschen sind heutzutage äußerst selten und betreffen gemäß den Recherchen von John D.C. Linnell und seinen Mitarbeitenden in den wenigen bekannten Fällen an Tollwut erkrankte, durch Fütterung zutraulich gewordene, provozierte oder an der Existenzgrenze lebende Tiere. Bei meinen Feldarbeiten auf allen drei durch den Wolf besiedelten Kontinenten sah ich selbst bei Nahbegegnungen nie einen Grund zu irgendwelcher Sorge. Bei Hunden, konkret in Hochasien sowie hierzulande beim Joggen, war dies jedoch anders. In historischer Zeit mag der Wolf eine ernst zu nehmende Gefahr für Menschen gewesen sein, damals aber unter ganz anderen Voraussetzungen. Die Tollwut war weit verbreitet, wild lebende Beute vielerorts spärlich und die unzulängliche Bestattung von Kriegstoten oder Epidemieopfern ließ Menschen zum Nahrungsangebot werden. Sollte es heute bei uns trotz gegenteiliger Erwartungen dennoch zu Wolfsangriffen auf Menschen kommen: Es wären extreme Ausnahmefälle, die in keinem Verhältnis stünden zu anderen von der Natur ausgehenden Gefahren, die wir akzeptieren und bei Freizeitbeschäftigungen sogar suchen.

Wir können und wollen uns der Natur nicht entziehen, und das betrifft auch die Stadt. Der Schriftsteller Franz Hohler hat in seiner utopisch anmutenden Erzählung «Die Rückeroberung» beschrieben, wie die Natur von Zürich Beschlag nimmt – zum Beispiel ein Wolfsrudel, das im Hardturmstadion einen Hirsch reißt. Gut 30 Jahre später, 2014, wurde ein Wolf in der Agglomeration dieser Stadt von einem Zug überfahren. Das literarisch aufgearbeitete Szenario von Franz Hohler hat sich inzwischen als erstaunlich realitätsnah erwiesen. Dabei ging es um die Grenzen zwischen Stadt und Land, um die Beziehungen der Menschen zur Natur und um die Empfindungen, die das Neue, Unwägbare auslöst: Alles Aspekte, die die heutige Wolfsdebatte prägen.

Der Wolf ist eine Projektionsfläche für mancherlei Gesinnungen zwischen Überdruss und Sehnsucht, traditionellerweise von menschlichen Ängsten durchwirkt. Passend dazu hat die renommierte französische Krimiautorin Fred Vargas in ihrem Titel «Bei Einbruch der Nacht» den (Wer-)Wolf thematisiert: Sie hat «das schwer definierbare Böse», so Rezensent Ekkehard Knörer, zum Inhalt gemacht und dadurch für Nervenkitzel gesorgt. Von der Furcht ist es nicht weit zur Ehrfurcht: Nicht wenige sehen im Wolf ein Symbol für die unberührte, intakte, auch übermächtige Natur, also für Wildnis. Dazu empfinden ihn gewisse Kreise als Verkörperung von Freiheit und Loyalität. Der 1990 erschienene Film «Der mit dem Wolf tanzt» von und mit Kevin Costner brachte gerade das zuletzt Genannte auf den Punkt. Selbstverständlich sind diese romantisch aufgeladenen, manchmal esoterisch angehauchten und oft von naturreligiösen Überzeugungen durchwirkten Haltungen zu respektieren. Im Kontakt oder gar bei der Auseinandersetzung mit Wolfskritikern vergrößern die Auffassungen der Wolfsenthusiasten aber die Amplitude der Meinungen und damit die Polarisierung. Extrempositionen oder gar ideologische Ansichten bringen uns in der Wolfsfrage nicht weiter, im Gegenteil. Einen versöhnlichen, weil selbstkritischen Ton schlug die schwedische Erfolgsautorin Kerstin Ekman in ihrem Alterswerk an: Im Roman «Wolfslichter» beschreibt sie detailliert und feinfühlig die Lebenssituation eines 70-jährigen Jagdleiters und pensionierten Forstmanns, dessen Sichtung eines Wolfs bei ihm einen tiefen Eindruck hinterließ und ihn sogar zur Reflexion des Seins inspirierte.

Der religiöse Kontext

Naturreligionen wie jene der indigenen Völker Nordamerikas folgen gewöhnlich einem integrativen Ansatz, der die gesamte Natur und nicht den Menschen allein ins Zentrum stellt. Dies im Gegensatz zum Christentum, wo die biblische Botschaft «füllt die Erde und macht sie euch untertan» den Herrschaftsanspruch von Gott und dem von ihm erschaffenen Menschen unterstreicht. Auch wenn heute versucht wird, diese Haltung als Missdeutung zu interpretieren, die Geschichte des Christentums ist geo- und anthropozentrisch geprägt. Während die Figur des Wolfs bei den Native Americans/First Nations grundsätzlich positiv besetzt ist und eine wichtige Bedeutung in ihrem Seelenleben einnimmt, ist der Wolf im Christentum ein Sinnbild für das Böse, nichts weniger als ein Tier des Teufels.

In der Bibel gibt es eine ganze Reihe von Versen über Wölfe. Mit wenigen Ausnahmen – wie bei der Friedensvision Jesajas, wo Wölfe und Lämmer friedlich zusammen sein sollen – malen sie ein kritisches Bild. So geht die Formel «der Wolf im Schafspelz» auf die Bergpredigt zurück: «Hütet euch aber vor den falschen Propheten, die in Schafskleidern zu euch kommen, inwendig aber sind sie reißende Wölfe.» Die Krux ist, dass das Christentum und damit die Bibel in einem Gebiet mit ausgeprägter Hirtenkultur entstanden sind, einer für das Verhältnis zum Wolf heiklen Ausgangslage. Der «gute Hirte» ist zum Symbol für Gott und Jesus Christus geworden (s. Abbildung S. 106). Der Papst als Stellvertreter Christi auf Erden wird als Oberhirt bezeichnet, seine Schafe sind die Mitglieder der katholischen Kirche. Dieser bildhafte Vergleich erweist sich als Bürde für den Wolf, denn dieser kann bekanntlich für die Schaf- und Ziegenhaltung zu einem ernst zu nehmenden Problem werden. Es droht Konkurrenz, und das schürt den Konflikt. Im vor 2000 Jahren entstandenen biblischen Bild offenbaren sich Differenzen zwischen den lebenswichtigen Interessen von Menschen und Wölfen. Dies führt nach wie vor zu Spannungen, denn alte Ängste halten sich bekanntlich hartnäckig.

Im Verbreitungsgebiet einer anderen Weltreligion, des Buddhismus, war und ist der Wolf ebenfalls unbeliebt. Davon zeugen die in Ladakh verbreitet vorhandenen Wolfsgruben und steinernen Quetschfallen, und ebenso persönliche Erfahrungen in Tibet. Für Viehhalter bedeuten Großraubtiere überall eine Herausforderung. Allerdings ist die Nachsicht wehrhaften Raubtieren gegenüber in Hochasien erheblich größer als in unseren westlichen, besitzorientierten Gesellschaften. Und die Toleranz hat auf dem Dach der Welt in der jüngeren Vergangenheit zugenommen. Das spürte ich erstmals 2008 im Limi-Valley, in der nordwestlichen Ecke Nepals im Grenzgebiet zu Tibet. Einige Jahre zuvor waren hier noch Fallen für Schneeleoparden in Betrieb gewesen. Diese wurden jedoch nach der Intervention durch buddhistische Geistliche funktionsuntüchtig gemacht.
Im Buddhismus wird die Vollkommenheit angestrebt, und dazu gehört die Gelassenheit: Man akzeptiert, was kommt. Dazu meiden es Buddhisten, Tiere zu töten – man könnte ja gemäß der Vorstellung der Reinkarnation als tierisches Wesen wiedergeboren werden. Aufgrund dieser Weltanschauung und unterstützt durch kommunale Initiativen wurden in Ladakh ab 2017 Bestrebungen unternommen, um Wolfsgruben außer Betrieb zu nehmen. Diese werden vor Ort «Shandong» genannt und weisen eine charakteristische, sich verjüngende Krone aus aufgeschichteten Steinen auf. Wie Karma Sonam und seine Mitarbeitenden berichten, konnten 94 solcher Einrichtungen kartiert werden, von denen 30 im vorangegangenen Jahrzehnt noch in Betrieb gewesen waren. Diverse dieser ehemaligen Fallen werden nun als Kulturobjekte erhalten und als Zeichen des Respekts in unmittelbarer Nachbarschaft mit einem Stupa, einem buddhistischen Kultbau, versehen. Dies auch mit der Absicht, den Schutz des Wolfs über weitere Teile des Tibet-Plateaus zu propagieren.

Ein heulender Wolf. Das Wolfsgeheul wird von Menschen oft als ultimative Stimme der Wildnis wahrgenommen, Wölfen dient es zur Kommunikation.
Yellowstone Nationalpark, USA, 9. April 2023.

Ein Stimmungsbild, das dem Klischee des einsamen Wolfs in unberührter Waldlandschaft entspricht.
Yellowstone Nationalpark, USA, 5. April 2023.

Links «Bringt das Heulen nicht für immer zum Schweigen» – klare Positionierung nach radikalen jagdlichen Eingriffen. Mit der Kritik an ungebührlichen Abschüssen wollen US-Naturfreunde den Schutzstatus des Wolfs wieder erhöhen. West Yellowstone, USA, 3. April 2023.

Rechts Der Wolf als Wildtier-Ikone: Im Yellowstone Nationalpark, USA, wollen die Gäste in erster Linie Wölfe sehen; Letztere haben nebst anderen charismatischen Arten wie Grizzlybär, Bison oder Wapitihirsch große touristische Bedeutung. 11. April 2023.

YELLOWSTONE
WOLF TRACKER

Links Ein Wolf in den weitläufigen Wäldern Finnlands, unmittelbar an der Grenze zu Russland. Kainuu, 25. August 2021.

Rechts Trotz großer Abgeschiedenheit: Der gleichförmige Wald im Hintergrund zeugt von menschlichem Einfluss, sogar von Kahlschlagwirtschaft. Kainuu, Finnland 22. August 2021.

Gilt als Zeichen für intakte Natur: das Zusammenleben von Großraubtieren, hier von Braunbär und Wolf.
Kainuu, Finnland, 25. August 2021.

Links Wölfe kommen mit der Nähe zum Menschen gut zurecht, wenn für Tageslager und Wurfplatz ruhige, deckungsreiche Geländeabschnitte vorhanden sind. Landschaft Davos, 3. August 2023.

Rechts Eine Wolfsfamilie im Legföhrendickicht: Zwei Jungtiere versuchen den Vater (M244, links) sowie die Mutter (F153) durch Lecken der Mundwinkel zum Auswürgen von Nahrung zu veranlassen, ein dritter Welpe rennt heran. Landschaft Davos, 30. Juli 2023.

Links Seit mehr als 200 Jahren der erste Wolfsnachwuchs in der Landschaft Davos: Fünf zwei Monate alte Welpen balgen sich. 1. August 2023.

Rechts Die Wölfin F153 beaufsichtigt ihre Jungen von einer nahe gelegenen Warte aus. Landschaft Davos, 1. August 2023.

Links Ein Rehbock in den Alpenrosen: Er ist stutzig geworden, bleibt stehen und fixiert eine mögliche Gefahrenquelle. Schlappintal, 27. Juni 2023.

Rechts Der Wolfsrüde M244 nutzt das deckungsreiche Gelände, um unbemerkt voranzukommen. Landschaft Davos, 1. August 2023.

Links Hausschafe sind in den Alpen die mit großem Abstand am häufigsten vom Wolf gerissenen Nutztiere. Das ist nicht weiter verwunderlich, denn sie sind eine verbreitete, oft leicht erreichbare und ergiebige Ressource. Abriès, Frankreich, 13. Juli 2023.

Rechts Die sommerliche Weidewirtschaft und damit die Gefahr durch Wölfe erstreckt sich in den Alpen bis hoch hinauf: Hausziegen im Mattertal, Wallis; im Hintergrund das Weisshorn, 4505 m ü. M., 20. Juli 2016.

Links Eine nachreformatorische Wandmalerei mit Darstellung des «guten Hirten», der zum Schutz der Schafe den Wolf bekämpft. Links außen der im Johannesevangelium erwähnte weglaufende, wenig motivierte Knecht. Laurentiuskirche Hemmingen, Deutschland, 20. März 2024.

Rechts Die Brunnenanlage des Bildhauers Wilhelm Schwerzmann im Kurpark von Davos. Der Wolf wurde 1939 geschaffen und trägt vorne die Inschrift «Bestie ich Wolf», auf dem Postament hinten wird das Böse mit der Ergänzung «Du Mensch aber …» auch anderswo verortet. 6. September 2023.

BESTIE ICH WOLF

Links Eine alte Wolfsfalle in Ladakh. Wölfe, die zum Köder in die Grube sprangen, vermochten von dort nicht mehr zu entweichen und wurden schließlich getötet. Tso Kar, 23. Februar 2023.

Rechts Die neue Vision in Ladakh: funktionsuntüchtig gemachte Wolfsgrube mit neu errichtetem Stupa als Zeichen des Respekts gegenüber dem Raubtier. Rumptse, 24. Februar 2023.

Die Berglandwirtschaft und der Wolf

Hirtenleben auf dem Tibet-Plateau

Schafe und Ziegen sind an karge Lebensbedingungen angepasst. Deswegen werden sie besonders zahlreich in Gebieten mit beschränkter Produktivität gehalten: im Gebirge, in Hochländern, auf Heiden, abgeernteten Feldern, im Ödland. Der Blick nach Hochasien schafft nicht nur einen zusätzlichen Betrachtungswinkel, sondern lässt aus mitteleuropäischer Sicht das Rad der Zeit zurückdrehen. Die Gesellschaften in Ladakh, Tibet und in weiten Teilen Nepals sind nach wie vor landwirtschaftlich geprägt. Geht man durch Ladenstraßen in Leh, Lhasa oder Kathmandu, wird deutlich, wie wichtig die Produktion von Wolle und deren Verarbeitung zu Kleidungsstücken und Decken ist. Beispielsweise Pashmina-Schals – aus feiner Kaschmirwolle und manchmal gemischt mit Seide – sind seit den 1990er-Jahren in der westlichen Welt in Mode und sorgen für Verdienstmöglichkeiten.

Am Anfang der Handelskette stehen Bäuerinnen und Bauern im Himalaja und vor allem im Hochland von Tibet. Diese halten nebst Yaks und deren Mischlingen in erster Linie Schafe und Ziegen, die Wolle, Fleisch und Milch liefern. Die harschen Umweltbedingungen zwischen 4000 und gut 5000 m ü. M. und der dortige karge Pflanzenwuchs auf den trockenen Hochgebirgssteppen lassen nur eine extensive Landwirtschaft zu. Nomadentum war früher üblich und ist heute noch weit verbreitet, zumindest in beschränkter Form mit alternativ genutzten festen Unterkünften. Die Wildfauna der Steppen und angrenzenden Gebirgszüge umfasst mit dem Vieh konkurrierende Huftierarten wie Kiang oder Bharal sowie nebst dem Wolf den Schneeleoparden und den Luchs. Diese beiden Katzenarten leben von ähnlichen Beuten wie der Wolf und greifen häufig auch Nutztiere an. So wurde im Frühling 2020 aus Ladakh berichtet, dass Schneeleoparden, Luchse und Wölfe in drei Tagen 133 Stück Vieh getötet hätten. Jeder der drei Arten sollen angeblich zwischen 40 und 50 Tiere zum Opfer gefallen sein, fast ausschließlich Schafe und Ziegen. Wie im Kapitel zur Kulturgeschichte angesprochen, zeigen Hirtinnen und Hirten auf dem Dach der Welt wegen ihres buddhistischen Glaubens eine größere Gelassenheit gegenüber Ereignissen, die sie belasten. Solche in geeigneter Weise mental zu verarbeiten, ist existenziell wichtig, zumal die Einkommensverhältnisse mit den unsrigen überhaupt nicht vergleichbar sind.

In Hochasien werden Schafe und Ziegen überall vor Raubtieren geschützt, doch kommt es trotz ständiger Behirtung immer wieder zu Verlusten. Technische Hilfsmittel zum Herdenschutz fehlen weitgehend, und Hunde sind, falls überhaupt hierfür eingesetzt, weniger spezialisiert als bei uns. Die Kleinviehherden werden morgens auf die Weide geführt und bis am Abend gewöhnlich durch eine Person permanent begleitet. Diese kennt die guten Weideplätze und sichert den Zusammenhalt der Herde. Gegen Abend wird ins Lager zurückgekehrt, wo die Tiere dicht gedrängt in einem aus aufgeschichteten Steinen errichteten Pferch übernachten, mit den Hirten in unmittelbarer Nähe. Nachtpferche sind unverzichtbar. Deshalb finden sich an vielen Stellen im Gelände derartige Einrichtungen, die von Zeit zu Zeit benutzt werden. Speziell im Winter sammeln und konzentrieren sich die Herden in idealen Lagen, wo den Menschen längerfristig genutzte, stabile Unterkünfte zu Verfügung stehen. In diesem Fall werden die verschiedenen Herden, je separat betreut, gestaffelt zu ihren Nachtlagern geführt. Am Tso Kar in Ladakh konnte ich beobachten, wie mehrere Wölfe dieses Treiben aus Distanz observierten und später das Weideareal kontrollierten, wohl in der Hoffnung, zurückgebliebenes Vieh erbeuten, Nachgeburten nutzen oder verendete Tiere finden zu können.

Wie groß die Verluste bei Schafen und Ziegen im Himalaja und in Tibet sind, ist objektiv schwer zu beurteilen. Wo es wenig Wildtiere gibt, leben die Wölfe zu einem großen Teil von gerissenen oder tot aufgenommenen Nutztieren. Wegen entsprechender Schäden ist der Wolf auch in Hochasien manchenorts viel gescholten – mehr als der Schneeleopard, der zwar ebenfalls Viehverluste verursacht, aber von Schutzkampagnen profitiert. Wie bereits dargelegt, zeichnet sich seit einigen Jahren ein Gesinnungswandel ab, hin zur Anerkennung des Lebensrechts auch der Wölfe. Mitgefühl gegenüber den Tieren ist Teil des buddhistischen Bekenntnisses. Und da wird hoffentlich zunehmend der gesamte Artenbestand miteinbezogen.

Schafe in den Alpen

Hausschafe waren früher für die Wollproduktion wichtig; bei ihnen sind heute das Fleisch, untergeordnet auch die Milch, die Ertragsziele. Ein großer Teil der Schafe im Alpenraum wird gesömmert, das heißt in Herden auf

Weiden mit frischem Pflanzenwuchs geführt, zeitweise hoch oben. Im Winter überwiegt die Stallhaltung. Saisonal wandernde Schafherden zwischen Gebirge (im Sommer) und dessen Vorland (im Winter) sind selten geworden. Dieser Pastoralismus findet sich noch im provenzalisch-alpinen Raum in Frankreich und ist mit einer mehr oder minder ständigen Begleitung der Tiere durch Hirten verbunden.

In den Alpen hat die Kleinviehhaltung eine lange Tradition. Die Bedeutung und Form dieses Landwirtschaftszweigs unterlag jedoch Schwankungen, die in der jüngeren Vergangenheit wesentlich durch Subventionen bedingt sind. Mit diesen finanziellen Mitteln will der Staat die Berglandwirtschaft stützen. Wegen der eingeschränkten Vergleichbarkeit zwischen den Alpenländern liegt der Fokus im Folgenden auf der Schweiz. Die Schafe sowie ihre Halterinnen und Halter stehen im Vordergrund, da zumeist bei ihnen der Wolf für Unruhe sorgt. Der Schafbestand hat seit dem Mittelalter im Zuge vermehrter Rindviehhaltung insgesamt abgenommen. Zur Zeit der ersten Bestands- und Betriebszählungen in der zweiten Hälfte des 19. Jahrhunderts, als die alpine Gesellschaft noch überwiegend von der Landwirtschaft geprägt war, wurden in der Schweiz nach dem Historischen Lexikon zwischen 270'000 und 440'000 Schafe gehalten. Die Zahl der Tiere ging in der ersten Hälfte des 20. Jahrhunderts zeitweise auf unter 200'000 zurück, ohne dass Wölfe dagewesen wären, wuchs dann allerdings bis zu den ersten Jahren nach der Jahrtausendwende auf rund 450'000 an. Der Besatz im Sömmerungsgebiet, im Zusammenhang mit der Gefährdung durch den Wolf von besonderer Bedeutung, war anschließend bis vor Kurzem tendenziell rückläufig. In Graubünden hat die Zahl der gesömmerten Schafe (und Ziegen) gemäß den Recherchen der Journalistin Ursina Straub in den letzten zehn Jahren hingegen zugenommen, vor allem durch den Auftrieb von Tieren aus anderen Kantonen. Im Verlauf der letzten 150 Jahre sank die Zahl der Betriebe mit Schafhaltung von ehemals rund 90'000 auf etwa ein Zehntel. All diese Zahlen veranschaulichen den Strukturwandel in der Landwirtschaft.

Dass unter den erwähnten Voraussetzungen nicht mehr sämtliche Alpen mit Vieh besetzt werden, ist angesichts der nach wie vor flächendeckenden landwirtschaftlichen Nutzung kein Grund zur Besorgnis. Begrenzte Verwilderung, ein passendes Mosaik genutzter und sich selbst überlassener Flächen, trägt zur ökologischen Vielfalt bei. Hohe Bestände, kulminierend um 2005, waren und sind weiterhin Ausdruck der finanziellen Anreize für die Schafhaltung und entsprechen weder einem ökologischen noch einem dem Tierwohl dienenden Ziel. In jenen Jahren wurden die Schafherden häufig im Frühsommer in ihre bergigen Weidegebiete gebracht und mehr oder minder unbeaufsichtigt bis zum Herbst im freien Weidegang belassen. Unter diesen Voraussetzungen waren die Verluste generell hoch, und nicht selten gab es Schwierigkeiten, verwilderte Tiere am Saisonende heimzubringen.

Mit dem Auftreten des Wolfs war die Zeit des geringen Aufwands für die Schafsömmerung vorbei. Der steigende Wolfsbestand war mit einer Zunahme der Schäden an Nutztieren verbunden, doch weichen die beiden Entwicklungen inzwischen voneinander ab: Die Zahl der gerissenen Nutztiere, 2020–2022 zwischen 900 und 1800 jährlich, wuchs in der jüngeren Vergangenheit weniger an als der Wolfsbestand und ist seit zwei Jahren sogar rückläufig, insbesondere in Graubünden. Dies ist wohl auf mehrere Gründe zurückzuführen, nicht nur auf punktuelle Entnahmen von Problemwölfen, die regelmäßig Nutztiere angegriffen haben, sondern auch auf Nutzungsänderungen vorab bei Alpen in heiklen Lagen und namentlich auf den Herdenschutz. Bei Letzterem scheinen die großen Anstrengungen Wirkung zu zeigen. Werden trotzdem Nutztiere gerissen, kommt der Staat für die erlittenen materiellen Verluste auf. Diese kosteten den Bund und die Kantone in den letzten Jahren 300'000–600'000 Franken jährlich. Diese Summe wird angesichts der Sömmerungs- und Alpungsbeiträge von rund 15 Millionen Franken pro Jahr und zusätzlichen finanziellen Anreizen stark relativiert. Erst recht, wenn man die schätzungsweise 40 Millionen Franken in Betracht zieht, die in der Schweiz alljährlich für Marderschäden an Autos von Versicherungen vergütet werden. Die Unverhältnismäßigkeit in der öffentlichen Debatte ist eklatant: Mit den Mardern hat man sich arrangiert und sie mehrheitlich akzeptiert; Wölfe und Schafe sorgen aber ständig und in dieser Form eben unberechtigt für Schlagzeilen.

Als Faustregel muss damit gerechnet werden, dass im Verlauf einer Schafsömmerung 2–3 % des Bestands sterben. Todesursachen sind nebst Angriffen von Großraubtieren vor allem Krankheiten, Abstürze, Stein- oder Blitzschläge. Die Ausfallquoten schwanken je nach Situation beträchtlich, unter Einfluss des Wolfs ohnehin. Wolfsübergriffe sind jedoch längst nicht die primäre Verlustursache. Für Graubünden und die Jahre 2020–2023 bezifferte Ursina Straub den Anteil der Risse am Gesamtabgang mit rund einem Fünftel. Von einer existenziellen Bedrohung der Weidewirtschaft durch den Wolf, wie oft behauptet wird, kann demnach keine Rede sein.

Nebst den materiellen Schäden erhitzen unschöne Bilder von gerissenen Schafen die Gemüter, vor allem, wenn gleichzeitig mehrere Tiere am Boden liegen und der Wolf keines davon als Nahrung nutzt. Der Wolf im sogenannten «Blutrausch»? Nein, das Problem liegt woanders, nämlich bei der Haustierzucht und deshalb bei uns selbst. Domestizierte Tiere sind naturgemäß zahm; sie haben ihr Fluchtverhalten ganz oder teilweise abgelegt. Deswegen ist es dem Wolf oder anderen Beutegreifern möglich, in kurzer Zeit eine ganze Reihe von Tieren zu töten. In der freien Natur ergeben sich nur in speziellen Fällen Gelegenheiten, mehrere Großbeuten auf einmal zu machen, da sich angegriffene Tiere umgehend in Sicherheit bringen. Dass Wölfe Chancen nutzen, viel Fleisch auf einmal zu erlangen, ist nachvollziehbar: Durch das Leben im Kollektiv vermögen sie größere Nahrungsmengen in kurzer Zeit zu konsumieren. Zudem sind auch ältere Kadaver nutzbar, denn Wölfe sind physiologisch an die Aufnahme von Aas angepasst.

Herdenschutz in der Schweiz

Was im 17. Jahrhundert bei schätzungsweise 600'000 in der Schweiz gehaltenen Schafen eine Selbstverständlichkeit war, ist im 20. Jahrhundert nach der Ausrottung der Großraubtiere unterlassen worden: der Schutz der Herden. Heute ist dieser wieder eine Notwendigkeit. So gibt es gute Gründe, Herdenschutzmaßnahmen vonseiten der öffentlichen Hand finanziell zu unterstützen. Derzeit werden dafür gemäß dem ordentlichen Bundesbudget jährlich 3,7 Millionen Franken ausgegeben, 2022 und 2023 kamen je 5–7 Millionen Franken für weitere Maßnahmen dazu, und die Kantone leisteten zusätzliche Beiträge. Damit werden Hilfspersonal, Hirtenunterkünfte, Herdenschutzhunde, Elektrozäune und anderes mehr bezahlt. Zusätzlich helfen private Organisationen den Landwirten beim Schutz der Herden, zum Beispiel durch Freiwillige, die die Präventionsmaßnahmen vor Ort unterstützen. Solche Programme sprechen in erster Linie Personen aus der urbanen Gesellschaft an. Umso besser, wenn Stadt und Land ins Gespräch kommen, doch nehmen nicht alle Bauern die Hilfe der Volontäre und Volontärinnen an.

Dem Herdenschutz dienen diverse, oft in unterschiedlicher Weise kombinierte Maßnahmen, je nach Gelände. Dabei sind Hirten, Hunde und Zäune essenziell. Damit sich der Aufwand finanziell rechnet, braucht es eine hinreichende Herdengröße. Vor allem bei Nebenerwerbsbauern, die nur wenige Tiere besitzen, im Wallis aber die Mehrheit der Schafhalter stellen, führt dies zu Skepsis. Falls man überhaupt die Zusammenarbeit sucht: Es kann dauern, bis sich zueinander geführte Tiergruppen aneinander gewöhnt haben.

Die ursprünglichste Form des Herdenschutzes ist die ständige Begleitung der Herden durch Hirten. Die Schafe werden im geschlossenen Verband durch die Weidegründe geführt. Dabei helfen Hütehunde, die aufgrund von Befehlen der Schäferin oder des Schäfers für das Treiben der Schafe sowie für deren Verbleib in der Herde sorgen und dabei äußerst agil ans Werk gehen. In der Nacht wird ein geeigneter Lagerplatz aufgesucht, gewöhnlich eine durch einen Zaun oder durch aufgeschichtete Steine eingefriedete kleine Fläche. Dank der andauernden Präsenz des oder der Hirten, mit Vorteil auch nachtsüber, sind die Tiere normalerweise vor Raubtierattacken geschützt. Große Herden werden heute in der Regel wieder behirtet. Die permanente Kontrolle der Tiere ist zwar das Ziel, doch zeigen sich bei diesem Weidesystem immer wieder Überwachungslücken.

Herdenschutz wird überdies durch die Einrichtung von Umtriebsweiden vollzogen. Dabei grasen Schafe oder andere Nutztiere durch wechselnde Einzäunungen im Verlauf der Zeit in verschiedenen Weidesektoren. So bleiben die Tiere auf kleinerer Fläche eingegrenzt, was die Übersicht verbessert und das gefährliche Abdriften einzelner Schafe in unkontrollierbare Lagen verhindert. Um die temporären Zäune so wolfssicher wie möglich zu machen, müssen sie durchgehend elektrifiziert und hoch genug sein. Dasselbe gilt für die umzäunten Nachtlager: Der Nachtpferch ist eine zentrale, für das Heil des Kleinviehs unerlässliche Infrastruktur, wo keinerlei Chancen für Wolfsangriffe bestehen dürfen. Da auf den Umtriebsweiden Hirten nur zeitweise in der Nähe sind, ist der Einsatz einer angemessenen Zahl von Herdenschutzhunden (nicht zu verwechseln mit den oben erwähnten Hütehunden) erforderlich. Diese mehr als wolfsgroßen Tiere erfüllen eine anspruchsvolle Aufgabe. Sie integrieren sich in die Schafherde, bellen lauthals und preschen vor, wenn Wölfe in der Nähe sind, bieten ihnen unter Umständen sogar Paroli. Die Hunde reagieren indes auch auf Menschen, kommen heran und bellen. Speziell bei wenig differenziertem Verhalten der Vierbeiner fühlen sich manche Touristen bedroht. Reklamationen kann es überdies wegen störender nächtlicher Hundelaute geben, vorab in siedlungsnahen Winterquartieren der Herdenschutzhunde.

Herdenschutz wirkt. Er ist anerkannt das beste Mittel, um Wolfsübergriffe auf Nutztiere zu bekämpfen und kann in Zukunft dank technischer Weiterentwicklungen vielleicht noch effizienter gestaltet werden. Schäden lassen sich allerdings nie ganz verhindern, meistens aber stark vermindern. Nach Kristina Vogt und ihren Mitarbeitenden dürften korrekt installierte Elektrozäune das beste Abwehrmittel gegen Wölfe darstellen, und der Einsatz von Herdenschutzhunden ist ebenfalls zweckdienlich, vor allem für die Verhinderung großer Schäden. Bei dieser Untersuchung zeigte sich, dass es einzelne Weiden gibt, wo Wölfe immer wieder angreifen und einen Großteil aller Risse von Nutztieren verursachen. Diese Hotspots sind oft großflächige Weiden, die viele Schafe beherbergen und unübersichtlich sowie schwer zugänglich sind. Diverse Alpen werden von den kantonalen Behörden als «nicht zumutbar schützbar» eingestuft, eine Zuordnung, die trotz einer Kriterienliste des Bundesamtes für Umwelt schwammig bleibt. So erstaunt es nicht, dass der Anteil der als nicht schützbar erachteten Alpen in den verschiedenen Kantonen sehr unterschiedlich ist. Bis vor Kurzem bestand die Tendenz, Alpgebiete als für Herdenschutzmaßnahmen unzumutbar zu deklarieren. Zusätzliche finanzielle Leistungen für die anderen, als schützbar beurteilten Alpen haben neuerdings deren Flächenanteil höher werden lassen.

Opportunismus, auch in politischer Hinsicht, prägt manche Geschehnisse um den Wolf. So auch in Tirol, wo die Landesregierung im Jahr 2023 in krasser Missachtung anderweitiger Erfahrungen sämtliche der rund 2100 Almen dieses Bundeslandes als vor dem Wolf nicht schützbar eingestuft und somit dem Herdenschutz pauschal eine Absage erteilt hat. Dieser realitätsfremde, juristisch umstrittene, ethisch bedenkliche und ökologisch fragwürdige Entscheid bedeutet, dass man den Wölfen vermehrt mit Abschüssen begegnen will. Wie im nachfolgenden Kapitel zur Wolfspolitik ausgeführt wird, hat diese Haltung – losgelöst von den Subventionsleistungen für die Schafwirtschaft – auch in der Schweizer Politik Hochkonjunktur: Einfache Antworten auf vielschichtige Fragestellungen tragen selten zu einer zweckdienlichen Lösung bei. Die Dissertation von Oksana Grente zeigt am Beispiel der Erfahrungen in den französischen Alpen eindrücklich, wie komplex der Zusammenhang zwischen Wolfstötungen und Schäden durch Wölfe an Nutztieren ist. Um Letztere einzuschränken und auf niedrigem Niveau zu stabilisieren, sind Abschüsse jedenfalls nur bedingt ein geeignetes Mittel.

Wolf-Schaf-Probleme sind so alt wie die Viehwirtschaft. In weiten Teilen ihres Areals sind Wölfe stets zusammen mit Nutztieren vorgekommen, kaum irgendwo hat die Wolfspräsenz die Tierhaltung verhindert. Übergriffe im Rahmen zu halten, bedurfte aber von jeher großer Anstrengungen und bleibt eine Herausforderung. Ein Patentrezept gibt es nicht, doch vermögen Schutz- und Entschädigungsmaßnahmen das Zusammenleben mit Wölfen erträglicher zu gestalten. Die Praktiken der Schadensverhütung müssen vielerorts erst wieder erlernt und breit angewendet werden. Obwohl die nationale landwirtschaftliche Beratungszentrale AGRIDEA seit 2009 rund 300 Personen als Schafhirtinnen und -hirten ausgebildet hat, besteht im Hirtenwesen nach wie vor Fachkräftemangel; gleichermaßen gesucht sind qualifizierte Hunde. Die erheblich variierende Qualität bei der Umsetzung von Herdenschutzmaßnahmen dürfte eine entscheidende Rolle spielen, ist bisher jedoch nicht umfassend untersucht worden. Klar scheint, dass der Erfolg des Herdenschutzes von der Motivation der Tierbesitzer und der Hirtinnen abhängt. Unwille und Resignation fördern Untergangsszenarien für die alpine Landwirtschaft, denen aber in verdienstvoller Weise manch aufgeschlossene Vertreter der Bauernschaft sowie der Hirtinnen und Hirten entgegenwirken. Gerade bei Letzteren gibt es nicht wenige, die sich mit der Bedrohung durch den Wolf arrangieren und konsequenten Herdenschutz betreiben, so wie ich es 2023 im Schlappintal erlebt habe.

Staatliche Unterstützung sichert der Landwirtschaft hierzulande die Existenz. Die Schafhaltung ist wie jede Nutztierhaltung in der Schweiz unrentabel, doch gibt es Subventionen dafür. Sofern Leistungen zugunsten der Natur und der Allgemeinheit erbracht werden, ist staatliche Förderung sinnvoll. Extensive Beweidung auf dafür geeigneten Flächen kann die ökologische Vielfalt erhöhen und ist ein Grundpfeiler für die Erhaltung der alpinen, auch für den Tourismus wichtigen Kulturlandschaft. Es gibt freilich erhebliche Zweifel, ob die Subventionen stets im Sinne der gewünschten Entwicklung der Natur sowie gemäß den Bedürfnissen der gehaltenen Schafe und den Erwartungen der gesamten Bevölkerung eingesetzt worden sind. Der fast überall unkontrollierte Weidegang vor dem Wiederauftreten des Wolfs genügte diesen Anforderungen jedenfalls nicht. Mit der geordneten Weideführung im Rahmen des Herdenschutzes lassen sich die genannten Ziele eher erreichen. Unter der Voraussetzung der staatlichen Unterstützung der Landwirtschaft kann der Wolf dazu beitragen, zu einer traditionellen, ökologisch sinnvollen und touristisch attraktiven Form der Schaf- und ebenso der Ziegenhaltung zu gelangen. Es sollte hier im Kleinen das verwirklicht werden, was global mit der längst geforderten Agrarwende dringend geboten ist: eine natur- und umweltverträgliche und damit nachhaltige Nahrungsmittelproduktion.

Der erste Schritt für ein Miteinander von Wolf und Schaf ist die Anerkennung des Ersteren als Teil der einheimischen Fauna. Gleichzeitig besteht darüber Konsens, die Kleinviehhaltung als Kulturgut zu pflegen. Dazu gehört eine hohe ökologische Qualität bei der Schafbeweidung, und dies schließt den respektvollen Umgang mit dem Wolf auf der Basis des konsequenten und flächendeckenden Herdenschutzes ein.

Ein Wolf in einem leeren Pferch. Die Viehhaltung in Wolfsgebieten ist mit Herausforderungen verbunden. Tso Kar, Ladakh, 22. Februar 2023.

Links Archaische Hirtenkultur mit regelmäßigem Wechsel der Weidegründe: ein sommerliches Nomadenlager auf dem Tibet-Plateau. Tso Moriri, Ladakh, 14. Juli 2012.

Rechts Überall eine wichtige Infrastruktur für den Schutz des Kleinviehs vor Großraubtieren: Der Nachtpferch, wo oft auch Hirten Quartier nehmen. Mustang, Nepal, 16. Mai 2011.

Links In Hochasien basiert der Herdenschutz auf der dauernden Begleitung durch Hirten, vielfach ohne unterstützende Hunde. Tso Kar, Ladakh, 23. Februar 2023.

Rechts Die Fürsorge für jedes Tier, hier ein frisch geborenes Zicklein, ist bei Hirten und Hirtinnen überall groß. Tso Kar, Ladakh, 23. Februar 2023.

Links Die Herde dicht zusammengedrängt in einem hoch ummauerten Nachtpferch, der Schutz vor Großraubtieren bietet. Rumbak, Ladakh, 6. Juli 2009.

Rechts Ein Himalaja-Wolf trägt ein Bein eines großen Huftieres mit sich; im Hintergrund temporär genutzte Gebäulichkeiten von Nomaden. Tso Kar, Ladakh, 22. Februar 2023.

In den weiten Steppen Hochasiens kommen die läuferischen Qualitäten der Wölfe besonders gut zum Tragen. Letztere können in wenigen Stunden Marathondistanzen zurücklegen und sich so kurz hintereinander an verschiedenen Orten blicken lassen. Tso Kar, Ladakh, 21. Februar 2023.

Links Bei Wolfspräsenz heikel: Schafe im freien Weidegang im unübersichtlichen Gelände einer großflächigen Frühlingsweide. Nauders, Österreich, 24. Mai 2023.

Rechts Die Schafe sind weitgehend sich selbst überlassen. Am unzureichenden Schutz ändert auch ein Zaun nichts, denn dieser ist weder elektrifiziert noch lückenlos. Nauders, Österreich, 24. Mai 2023.

Links Öffentliche Dokumentation zu Schafen, die 2022 vorab im Schlappintal gerissen wurden. Die Schutzmaßnahmen waren damals ungenügend; es mangelte an geeignetem Material und der Tierbesitzer wollte sogar die Einrichtung von Nachtpferchen verhindern. Kübliser Alp, 31. August 2022.

Rechts Herdenschutzhunde der Rasse Maremmano Abruzzese im Schlappintal. Gegenüber dem Vorjahr, als 45 Schafe vom Wolf gerissen wurden, sind die Schutzmaßnahmen unter anderem durch eine größere Zahl ausgebildeter Hunde und besseres Zaunmaterial verstärkt worden. 27. Juni 2023.

Hirtin und Hütehund im Schlappintal. Im Alpsommer 2023 sind hier trotz Wolfspräsenz keine Schafe gerissen worden, wofür mehrere Gründe infrage kommen – in erster Linie der in jenem Jahr vorbildliche Herdenschutz, aber auch der Abschuss eines Wolfs 2022. 30. August 2023.

Links Im Umfeld von Gämsen oder gesömmertem Kleinvieh halten sich Wölfe gelegentlich in Hochlagen auf, so wie hier die Klosterser Wölfin in einem Kar des Schlappintals. 21. Juli 2024.

Rechts Dieser Widder war vier Wochen zuvor aus einer geschützten Herde entwichen und wurde prompt zum Wolfsopfer. Landschaft Davos, 26. Oktober 2023.

Links Walliser Schwarznasenschafe im von Freiwilligen der Organisation OPPAL bewachten Nachtpferch. Zwischbergental, Wallis, 11. Juli 2023.

Rechts Mit Herdenschutzhunden gesicherter Nachtpferch im Turtmanntal, Wallis; im Hintergrund das Bishorn, 4151 m ü. M., 9. Juli 2023.

Links Konsequenter Herdenschutz in den Abruzzen, Italien, mit Pferchen, Hunden und ständiger Behirtung. 20. September 2023.

Rechts Ein Tier schien vermisst, doch gab es bei der morgendlichen Zählung Entwarnung: Alle Schafe und Ziegen waren da. Abruzzen, Italien, 20. September 2023.

Links Ein Maremmano Abruzzese mit metallenem Schutzhalsband wacht über seine Ziegenherde. Abruzzen, Italien, 19. September 2023.

Rechts Zwei Jahre lang keine Schäden durch Wölfe, gute Stimmung. Diese Ziegen gehören zu einem modernen Betrieb, bei dem der Herdenschutz perfektioniert ist. Abruzzen, Italien, 19. September 2023.

NEW YORK

Wolfspolitik in der Schweiz

Gesellschaftliche Bedeutung und konträre Positionen

Im Vorfeld der eidgenössischen Parlamentswahlen vom Herbst 2023 wurde im Auftrag der Zeitung «Südostschweiz» eine repräsentative Umfrage durchgeführt. Bei der Frage, für welche Themen sich die künftigen Bündner Volksvertreter in Bern einsetzen sollten, führte die Freigabe von Bewilligungen für den Abschuss von Wölfen die Liste an, deutlich vor dem Problem Transitverkehr, der Wirtschaftsförderung, der Bekämpfung der Wohnungsnot oder anderen Themen. Im Juli 2024 blieb das Raubtier gemäß einer weiteren von der «Südostschweiz» veranlassten repräsentativen Umfrage das «Sorgenthema Nummer eins» in Graubünden; dennoch möchten die meisten Bündnerinnen und Bündner den Wolf nicht wieder ausrotten. Die aufgeladene Debatte demonstriert, welch emotionale Kraft die Rückkehr dieses Tieres auszulösen vermag. Und manche Volksvertreterinnen und -vertreter nutzen den Wolf für ihre Zwecke. So wie die Präsidentin der Gemeinde Val Müstair, die 2023 in einem Leserbrief zur Zeit ihrer Kandidatur für einen Sitz im Nationalrat mit der Bemerkung «dem Wolf geht es auch endlich an den Kragen» sogenannt «positive Signale aus Bern» herausstrich. Dabei gab es in jenem Jahr in der Val Müstair keinen einzigen Übergriff auf Nutztiere. Opportunistisches Gebaren im Zusammenhang mit dem Wolf ist im vorliegenden Buch vorne bereits geschildert worden. Es ist hier nicht das Ziel, umfassend über all diese politisch geprägten Haltungen zu berichten. Ich konzentriere mich auf einige für das Gesamtverständnis wichtige Aspekte – und als Fallbeispiel auf die Schweiz. Diese Beschränkung ist hier nötig, denn allein schon in den deutschsprachigen Alpenländern sind die Rechtsgrundlagen und die darauf gestützten politischen Handlungen ausgesprochen vielschichtig. Im europäischen Kontext bezeichnete Roland Norer den «Flickenteppich an je nach Land oder Region unterschiedlichen Schutzstatus» gar «als Chaos».

Der Wolf ist in der Schweiz geschützt, jedenfalls auf dem Papier. Unser Land ratifizierte 1981 das «Übereinkommen über die Erhaltung der europäischen wildlebenden Pflanzen und Tiere und ihrer natürlichen Lebensräume», die sogenannte Berner Konvention, die den Wolf als streng geschützte Art einstuft. Im Jahr 1986 wurde der Schutz des Wolfs auch im eidgenössischen Jagdgesetz verankert und 1988 in der dazugehörigen Verordnung konkretisiert. Demnach ist der Wolf in der Schweiz nicht jagdbar. Allerdings wurde der ausnahmsweise Abschuss von Wölfen vorgesehen, falls diese untragbare Schäden verursachen. Diese Einschränkung des Wolfsschutzes steht nicht im Widerspruch zu den Bestimmungen der Berner Konvention, denn gewisse Eingriffe sind erlaubt, sofern es keine andere befriedigende Lösung gibt und das Vorgehen dem Bestand der Art nicht schadet. Als Vollzugshilfen zum eidgenössischen Jagdgesetz dient nebst der Jagdverordnung das Konzept Wolf Schweiz, die beide den sich verändernden Bedingungen angepasst wurden und weiterhin aktualisiert werden.

Ab 2001 gab es erfolglose Vorstöße auf nationaler Ebene, um eine Lockerung des Schutzstatus des Wolfs im Rahmen der Berner Konvention zu beantragen oder sogar diesen Vertrag vonseiten der Schweiz zu kündigen. Der Herdenschutz und die Regulierung von Wölfen waren Gegenstand weiterer Motionen im Bundesparlament: Ein konstruktiver Input von Nationalrat und Landwirt Hansjörg Hassler im Jahr 2010 führte zur Unterstützung von Maßnahmen zum Schutz des Viehs vor Großraubtieren. Eine zweite bedeutsame Motion mit dem taktisch geschickten Titel «Zusammenleben von Wolf und Bergbevölkerung» wurde 2014 im Ständerat, der Kammer der Kantone, durch Stefan Engler eingereicht. Das Ziel war die erleichterte Bestandsregulierung der Wölfe, obwohl es erst zwei Jahre zuvor zur ersten Rudelbildung in der Schweiz gekommen war. Als Folge dieser Motion beschloss das Bundesparlament 2019 eine Teilrevision des Jagdgesetzes, spitzte aber den Vorschlag des Bundesrates noch zu – beispielsweise durch die Möglichkeit, Wolfsrudel auch innerhalb von Wildschutzgebieten zu regulieren und weitere geschützte Tierarten wie Luchs und Biber ähnlich zu behandeln – und überspannte dadurch den Bogen. Brisant war überdies, dass neu allein die Kantone für die Bestandsregulierung beim Wolf zuständig gewesen wären, angesichts der betont wolfskritischen Haltung diverser kantonaler Behörden eine nicht zuletzt staatspolitisch problematische Vorgabe. Mehrere Umweltverbände ergriffen das Referendum (ein Grundpfeiler der direkten Demokratie in der Schweiz), sammelten die nötigen Unterschriften und erwirkten so eine eidgenössische Volksabstimmung zum revidierten Jagdgesetz. Wie bereits im Einleitungskapitel erwähnt, wurde dieses 2020 abgelehnt, was als Willensäußerung für einen fairen Umgang mit dem Wolf interpretiert werden darf.

Der Entscheid des Schweizer Stimmvolks war knapp und offenbarte die erwarteten regionalen und damit verbundenen gesellschaftspolitischen Gräben – der Wolf entzweit. Die gegenüber den Neuerungen im Gesetz kritischen, den Wolf respektierenden Stimmen stammten vorab aus den bevölkerungsreichen urbanen Gebieten. In den Gebirgskantonen sowie in der Zentral- und in der Ostschweiz befürwortete man mehrheitlich das neue Jagdgesetz mit den erleichterten Bedingungen für Wolfsabschüsse. Die kantonalen Initiativen gegen den Wolf hatten hierzu Vorarbeit geleistet.

Es entspricht den schweizerischen Gepflogenheiten, den Abstimmungsverlierern falls möglich entgegenzukommen, vor allem, wenn der Urnengang eng ausgegangen ist und eine gesellschaftliche Spaltung zum Ausdruck kommt. So startete das eidgenössische Parlament umgehend einen neuen Versuch, Wölfe (nicht aber die weiteren, im ersten Revisionsversuch mitbetroffenen Tierarten) verstärkt regulieren zu können, sogar prophylaktisch ohne Schadensnachweis, bereits aufgrund der Erwartung von Schäden. Diesem aus der Sicht des Wolfsschutzes heiklen Punkt stand diesmal immerhin die Bedingung gegenüber, dass die Kompetenz zum Erteilen einer Bewilligung zur Wolfsregulierung nach wie vor beim Bund bleiben und nicht den Kantonen übertragen werden sollte. Die Beibehaltung dieser Regelung erscheint sinnvoll, umso mehr, als Wölfe sich nicht an Kantonsgrenzen halten. Das Management von Großraubtieren mit ihren weiten Aktionsradien muss großräumig erfolgen, für die kleine Schweiz mit Vorteil länderübergreifend. Die Anpassungen für eine sogenannt proaktive Wolfsregulierung fanden 2022 Eingang in das eidgenössische Jagdgesetz und wurden mit der entsprechenden Verordnung 2023 präzisiert. Voraussetzung bleibt, dass der zumutbare Herdenschutz umgesetzt ist und die proaktiven Abschüsse der Verhinderung von ansonsten aller Wahrscheinlichkeit nach eintretenden großen Schäden dienen. «Unauffällige» Rudel sollen nicht dezimiert werden.

Diese Ausführungen, einschließlich jener im ersten Kapitel, zeigen, was für ein Politikum das Thema Wolf ist. Das trifft nicht nur auf die Schweiz zu, sondern auf weite Teile des Wolfsareals. Für unsere Nachbarländer haben Sara Wehrli und David Gerke die aktuelle Situation mit folgenden Überschriften charakterisiert: «Italien: Strenger Schutz» (aber viel Wilderei); «Deutschland: Erste Lockerungen beim Schutz»; «Frankreich: Staatliche Brigaden gegen Wölfe»; «Österreich: Herdenschutz-Entwicklungsland». Auch andernorts, speziell in vom Wolf neu wiederbesiedelten Gebieten, werden engagierte Debatten zum Schutz und zur Regulierung geführt (s. Abbildung S. 92).

Den Wolfsbestand unter Kontrolle halten?

«Nur ein toter Wolf ist ein guter Wolf.» Dieser Spruch ist eine Maxime mancher Wolfskritiker. Auslöser des gesellschaftlichen Drucks für erste Abschüsse und der späteren Forderung nach Bestandsregulierung waren Übergriffe von Wölfen auf Nutztiere. In der eidgenössischen Jagdverordnung wird das Schadensausmaß definiert, das erreicht sein muss, damit Abschüsse bewilligt werden können. Diese Schadensschwelle wurde in der jüngeren Vergangenheit mehrmals gesenkt, der Wolfsschutz somit herabgemindert. Mit der 2023 in Kraft getretenen revidierten Jagdverordnung genügt bei Umsetzung des zumutbaren Herdenschutzes bereits der Riss oder die schwere Verletzung eines Rinds oder eines Pferds, um einen Abschuss oder eine Regulierung zu bewilligen. Anders als bei Schafen und Ziegen werden beim Großvieh bloß marginale Herdenschutzmaßnahmen für zumutbar gehalten.

Gemäß der Zwischenbilanz «25 Jahre Wolf in der Schweiz» von Kristina Vogt und ihren Mitarbeitenden wurden bis Ende 2019 wegen Nutztierrissen 34 Abschussbewilligungen erteilt, von denen 15 vollstreckt wurden. In einem ebenso instruktiven anderen Bericht derselben Hauptautorin wurde die Wirksamkeit von Abschüssen Schäden anrichtender Wölfe analysiert und dabei festgestellt, dass in erster Linie das Entfernen problematischer Einzelwölfe eine «kurz- bis mittelfristig wirksame Maßnahme zur Verringerung von Nutztierrissen» sein kann. Das ist primär darauf zurückzuführen, dass solche Abschüsse für eine gewisse Zeit zu einer Lücke in der Wolfspräsenz führen können, vor allem in einer ersten Besiedlungsphase. Dies zeigte sich besonders deutlich beim ersten Südbündner Wolf, M07, der 2001 im Bergell und im angrenzenden Oberengadin unterwegs war, 61 Nutztiere tötete und dann abgeschossen wurde. Er war ein einsamer Vorläufer in diesem Gebiet und wurde viele Jahre lang nicht ersetzt. In einer natürlich entwickelten Population nahe an der Sättigung werden derartige Abschüsse kaum anhaltende Wirkung zeitigen, da frei gewordene Plätze alsbald wieder besetzt werden. Wie diverse Studien darlegen, geht die Rechnung «Wolfsabschüsse = weniger Schäden» ohnehin nicht einfach so auf: Tötungen lösen in der Wolfspopulation komplexe soziale Effekte aus und können gegebenenfalls Angriffe auf Nutztiere gar fördern. Adrian Treves und seine Mitarbeitenden warnen bei Regulierungen denn auch vor einem «Shot in the dark», einem Schuss ins Blaue, der das Ziel verfehlt.

Unbestritten ist die Entnahme von Problemwölfen, die notorisch Nutztiere angreifen. So wie 2022 bei Klosters, als eine Wölfin wegen großer

Schäden abgeschossen wurde. Im Folgejahr gab es markant weniger Übergriffe auf Schafe; trotz anhaltender Wolfspräsenz nahm die Zahl der getöteten Nutztiere von 63 auf 6 ab. Der 2023 im Schlappintal mustergültige Herdenschutz hat zweifellos zu dieser Entspannung beigetragen, in welchem Ausmaß ist aber unklar. Dieser Einzelfall und dessen fragliche Interpretation, was die Ursachen der Schadensminderung anbelangt, weist auf die anekdotische Grundlage für manche Maßnahmen des Wolfsmanagements hin. Ein Beispiel: Vergrämungsaktionen oder Abschüsse vor den Augen übrig bleibender Artgenossen sollen bei diesen Lerneffekte auslösen, die Wölfe quasi «erziehen». Ob diese menschlichen Erwartungen erfüllt werden, ist nicht ausreichend bestätigt. Umso wichtiger ist die genaue Dokumentation solcher Eingriffe einschließlich ihrer Folgen.

Wie oben angeführt, ist es heute vom Jagdgesetz her möglich, Wölfe ohne konkreten Schadensnachweis abschießen zu lassen, und entsprechend werden sie proaktiv reguliert. Diese Entwicklung ist eine politische Folge des Wachstums der Wolfspopulation in der Schweiz. Allerdings wurde der Ruf nach Bestandsregulierung – oder ehrlicher ausgedrückt: Dezimierung – schon (zu) früh laut. Die in der Schweiz langsam etablierte Wolfspopulation brauchte zehn Jahre nach der ersten Rudelbildung, um einigermaßen Fuß zu fassen. Dass die Naturschutzverbände den forschen Forderungen der Wolfsregulierer damals kraftvoll entgegengehalten haben, war gut begründet. Im Unterengadin waren im Frühsommer 2023 auf Plakaten bei verschiedenen Landwirtschaftsbetrieben Aufrufe zur Regulierung der Wölfe zu lesen, obschon für das ganze Tal bis dahin ein Beleg zur Fortpflanzung von Wölfen fehlte und Übergriffe auf Nutztiere nur in Einzelfällen zu verzeichnen waren. Auch im Berner Oberland profilierten sich Lokalpolitiker in Wahlkämpfen mit der Forderung nach einer weiter erleichterten Wolfsregulierung, ohne dass Rudel dagewesen wären.

Radikale Maßnahmen wie prophylaktische Abschüsse von Tieren einer geschützten Art müssen fachlich begründet und gut überlegt sein. Zu dieser Forderung passt ein 2022 im renommierten Wissenschaftsmagazin «Science» veröffentlichter Brief einer Reihe von Wissenschaftlern mit Linda Laikre als Erstautorin, worin die Ankündigung des schwedischen Parlaments, den landesweiten Wolfsbestand von 400 Individuen zu halbieren, als bestandsgefährdend kritisiert wurde. In der skandinavischen Wolfspopulation sind Inzuchtfolgen – anders als im übrigen Europa – ein Risiko. Hinzu kommt die Bedrohung durch Wilderei: Olof Liberg und seine Mitarbeiter konnten zeigen, dass illegale Jagd die Entwicklung der schwedischen Wolfspopulation deutlich gedrosselt hat. Dasselbe ist aufgrund der zögerlichen Ausbreitung der Wolfsrudel für die Schweiz zu vermuten. Gemäß der Liste der Fachinstitution KORA zu den bekannten toten Wölfen sind bis Ende 2023 unter 173 Registrierungen 12 Fälle von Wilderei ausgemacht worden, davon 7 im Wallis. Außerdem wurden in den Körpern von 12 weiteren, auf andere Art ums Leben gekommenen Wölfen Munitionsrückstände gefunden. In der aufgeheizten Stimmung besteht die Gefahr der Selbstjustiz, so wie 2022 im Unterengadin, als im Auto eines Alpverantwortlichen ein Sturmgewehr entdeckt wurde, mit dem laut Aussage des Fahrzeughalters dem Wolf begegnet werden sollte. Ein Jahr später gelangte das Thema «Wilderei von Wölfen» sogar auf die Frontseite der Tageszeitung «Südostschweiz»: Der Wolfsexperte Peter A. Dettling hatte einen Bericht verfasst, der im Vorderrheintal systematische illegale Aktionen gegen Wölfe befürchten ließ.

Der legale Abschuss hat sich zur weitaus häufigsten bekannten Todesursache bei Wölfen entwickelt, gefolgt von Kollisionen auf Straße und Schiene. In der Dunkelheit bewegen sich Wölfe regelmäßig entlang von Talachsen und Verkehrswegen und laufen so Gefahr, von Fahrzeugen erfasst zu werden. Der oben erwähnten Liste von KORA ist zu entnehmen, dass in der Schweiz bis und mit 2023 nicht weniger als 44 Wölfe Opfer des Verkehrs geworden sind. Bei der Bemessung von Eingriffen unter dem Titel «Regulierung» müssten sämtliche Verluste angerechnet werden, auch die Verkehrsopfer.

In der Schweiz und in den anderen Alpenländern werden trotz Regulierungsversuchen und Einzelabschüssen so viele Wölfe erhalten bleiben, dass überall und jederzeit mit ein- oder durchwandernden Tieren zu rechnen ist. Zumal Italien – mit einem Alpenanteil von gut einem Viertel – eine tolerantere Wolfspolitik betreibt, jedenfalls von Rom aus. Regionale Ausdünnung eines Bestands etwa durch Abschüsse hat einen natürlichen Dichteausgleich zur Folge, was die Einwanderung von reviersuchenden, ortsunkundigen Einzelwölfen antreibt. Gemäß Camille Imbert und ihren Mitautorinnen und -autoren sind Einzelwölfe eher für Übergriffe auf Nutztiere verantwortlich als Rudel. Im Familienverband lebende Wölfe bilden recht stabile, ortstreue soziale Einheiten, denen es aufgrund ihrer Gemeinschaft und Revierkenntnis leichter fällt, Wildtiere zu erbeuten. Überdies begrenzt die Territorialität der Rudel die Wolfsdichte. Unspezifische Regulierungsmaßnahmen wie etwa der Versuch, ganze Rudel auszulöschen – mit dem Aufbrechen bestehender Familienstrukturen und dem Verlust von erfahrenen Tieren als Folge – könnten kontraproduktiv wirken. Aufgrund von ihren Untersuchungen in Norditalien empfehlen Camille Imbert und ihr

Team denn auch eine Raumbelegung durch etablierte Wolfsrudel, um Schäden an Nutztieren gering zu halten.

Den Wolfsbestand auf einem den Rechtsgrundlagen entsprechenden, wildbiologisch akzeptablen und gesellschaftlich gebilligten Niveau zu stabilisieren, ist mindestens aufwendig. Um in einer gefestigten Population die Zahl der Wölfe zu kontrollieren und gleichzeitig die gewachsenen Familienstrukturen zu respektieren, ist der frühzeitige, weil einfacher durchzuführende Abschuss eines Teils der Welpen die im Vordergrund stehende Option. Allerdings stellen sich Fragen: Wie viele Wölfe sind ökologisch nötig – für die langfristige Sicherung der Population und für die verbreitete Gewährleistung ihrer Wirkungen zugunsten der Biodiversität und Waldentwicklung – und wie viele Wölfe werden gesellschaftlich akzeptiert? Gibt es einen gemeinsamen Nenner und falls ja, in welchem geografischen Rahmen? Im Hinblick auf Maßnahmen können die von der Regierungskonferenz der Gebirgskantone in Auftrag gegebenen, als Szenarien zu verstehenden Modellberechnungen durch Jennifer Hatlauf und Klaus Hackländer eine Orientierungshilfe sein. Der Weg von der Theorie bis zur Praxis ist aber beschwerlich und die Umsetzung eine Daueraufgabe. Lohnen sich die Kosten und Umtriebe für die Regulierung? Diese Frage ist zentral, gerade weil sich der Wolfsbestand und die Nutztierrisse asynchron entwickeln und weil nicht-tödliche Maßnahmen zur Wolfsabwehr in der Regel wirkungsvoller sind als Abschüsse.

Die Wissenschaft und die Politik

Das schwedische Parlament hatte bei seinem Plan zur drastischen Bestandsreduktion Ratschläge für Verbesserungen vonseiten der Wissenschaft nicht berücksichtigt. Selbstverständlich liegt in einer Demokratie in politischen Fragen die Entscheidungsbefugnis – aber auch die Verantwortung – bei den gewählten Behörden oder direkt beim Volk. Allerdings ist es schade und der Sache oft abträglich, wenn die Mehrheitsmeinung der Fachleute, die sich mit den fraglichen Themen am besten auskennen, nicht angehört oder gar ignoriert wird. Da gibt es bekanntlich unrühmliche Beispiele wie die Klimaerwärmung oder die Biodiversitätskrise, denen man viel früher und damit effektiver hätte begegnen können, wären die seit Jahrzehnten geäußerten Warnungen von Wissenschaftlerinnen und Wissenschaftlern ernst genommen worden.

Bei einem derart emotionalen, überall und häufig diskutierten Thema wie dem Wolf scheinen Gesellschaft und Politik erst recht die Deutungshoheit zu verlangen. Unsere Fachstelle KORA, von der öffentlichen Hand mitfinanziert, hat mittlerweile in mehr als 100 Berichten Grundlagen zu den einheimischen Großraubtieren und zum Umgang mit ihnen zur Verfügung gestellt. Weitere Kompetenzen sind an Hochschulen und in anderen Institutionen sowie bei einzelnen kantonalen Jagdverwaltungen vorhanden. Bei den politischen Diskussionen und Entscheidungen zum Wolf entsteht jedoch nicht der Eindruck, dass die richtungsweisenden Befunde gerade von KORA das politische Handeln durchwirken würden.

Speziell in Fragen, bei denen jedermann die richtige Antwort zu haben glaubt, wird Expertenwissen oft ignoriert. Man will das Zepter in den eigenen Händen behalten und setzt so auf persönliche Einschätzungen. Diese sind gewöhnlich durch weltanschauliche Gesichtspunkte geprägt und dienen nicht selten dazu, prinzipielle politische Ziele zu verfolgen. Als Transportschiene hierfür bietet sich das polarisierende Thema Großraubtiere geradezu an: Mit der Wolfsdebatte werden Fragen zur Selbstbestimmung respektive staatlichen Reglementierung, zur Veränderung von Gesellschaft und Umwelt, zum Stadt-Land-Verhältnis, zum sozialen Gefüge und letztlich zur Identität verhandelt. Kaum je habe ich die Frage gehört, was für Auswirkungen die Regulierung von Wölfen insgesamt haben könnte, zum Beispiel bezüglich deren Sozialstruktur. Welche Wölfe allenfalls aus der Population zu entnehmen sind, um möglichst wirksam Schäden zu reduzieren, war früher die zentrale Frage; mit dem wenig differenzierten Ansatz der prophylaktischen Reduktion des Wolfsbestands ist der gezieltere Lösungsweg nun in den Hintergrund getreten.

Wiederholt Schaden stiftende Wölfe zu entfernen, nach der Bestandsausbreitung regional besonders hohe Wolfsdichten zu beschränken und gleichzeitig dafür zu sorgen, dass der Wolf über eine lebenskräftige Population in unserem Land verfügt, das ist durchaus im Sinn von Wildbiologen, Wildbiologinnen und Naturschutzorganisationen. Man befürwortet Abschüsse, um das Wohl und vielleicht auch die gesellschaftliche Akzeptanz der überlebenden Tiere zu sichern. Dabei muss aber gewährleistet sein, dass die Wölfe in allen Regionen des Landes die geeigneten Lebensräume besiedeln und ihre Wechselbeziehungen mit den wilden Beutetieren entfalten und somit ihren Beitrag zu ökologisch intakten Lebensräumen erbringen können. Bei Gesprächen mit manchen im Feld angetroffenen Personen oder in der Diskussion mit Wolfskritikern spüre ich jedoch eine ganz andere Auffassung, nämlich jene, die pauschal eine möglichst starke Reduktion der Anzahl Wölfe vorsieht. Und zwar so, dass kaum mehr welche da sind, die Ärger bereiten könnten.

In Richtung Bestandsausdünnung zielt der mit der revidierten eidgenössischen Jagdverordnung vom 1. Dezember 2023 eingeleitete Paradigmenwechsel im Umgang mit Wölfen in der Schweiz: Falls trotz Schutzmaßnahmen Schäden an Nutztieren drohen, bei Gefährdung des Menschen, oder wenn ein übermäßiger regionaler Rückgang von wild lebenden Huftieren verhütet werden soll, sind vorbeugende Wolfsabschüsse möglich, sofern das Bundesamt für Umwelt BAFU zustimmt. Wenn die pro Region definierte Mindestanzahl an Wolfsrudeln überschritten ist, dürfen ganze Familien eliminiert werden. Dass es dabei nicht mehr nur um die Regulierung, sondern um die Dezimierung des Wolfsbestands geht, wird durch diese Mindestanzahl deutlich, die gemäß der revidierten Jagdverordnung erhalten bleiben muss: bloß 12 Rudel in der ganzen Schweiz. Für die 10'000 km^2 große Wolfsregion «Südostschweiz» mit den Kantonen Graubünden und Tessin sowie einem Grenzstreifen im Kanton St. Gallen beträgt dieser willkürlich bestimmte Schwellenwert lediglich 3 Rudel, etwa 10 % der möglichen Dichte. Die Minimalzahl Rudel ist für die knapp halb so große und bedeutend weniger naturnahe Wolfsregion «Nordostschweiz» auf 2 festgelegt – eine rein politische Entscheidung also. Um die Regulierung rasch an die Hand nehmen zu können, wurden die genannten Bestimmungen eilends in die Jagdverordnung integriert und befristet bis am 31. Januar 2025 in Kraft gesetzt.

Bei solchen Vorgängen muss man sich über Widerstand nicht wundern. Willy Geiger, ehemaliger Vizedirektor des BAFU, zeigte sich in einem Beitrag der «SonntagsZeitung» schockiert über die «Kehrtwende bei der Wolfspolitik», deren Vollzug er früher selbst verantwortete. Und die «Canid Specialist Group» der Weltnaturschutzunion IUCN, die weltweit führende Expertengruppe für Wölfe und ihre wilden Verwandten, beurteilte die Pläne des Bundesrats in einem unmissverständlichen Schreiben als unwissenschaftlich und forderte diesen auf, alternative Ansätze zu erwägen. Naturschutzorganisationen reichten beim Bundesverwaltungsgericht Beschwerde gegen die Zustimmung des BAFU zu den Abschussverfügungen der Kantone für den Winter 2023/2024 ein und erreichten für diverse Rudel einen Abschussstopp. Dennoch wurden bis 31. Januar 2024, dem Ende der ersten Regulierungsperiode, allein im Wallis 27 Wölfe proaktiv abgeschossen. In Graubünden sucht das Amt für Jagd und Fischerei mit seinem Wolfsmanagement nach Wegen, um Konflikten entgegenzuwirken, fokussiert dabei aber ebenfalls auf Wolfstötungen.

Eine hohe Zahl von Abschüssen fördert die Zweifel am Vorrang des Herdenschutzes und untergräbt die Motivation der Nutztierhalter, Herdenschutzmaßnahmen zu ergreifen. Die Vision von einer flächigen Koexistenz von Menschen und Wölfen in der Schweiz wird dadurch infrage gestellt. Die Schweiz und andere Alpenländer haben sich verschiedentlich zum Zusammenleben mit dem Wolf und zum Artenschutz bekannt. Grundlagen sind die Bundesverfassung und die nationalen Gesetzesbestimmungen, zudem die Berner Konvention, die Alpenkonvention und für Mitgliedstaaten der Europäischen Union die Fauna-Flora-Habitat-Richtlinie. Wie die Erfahrungen – vor allem auch aus traditionellen Wolfsgebieten – belegen, ist der Herdenschutz der Schlüssel für ein Miteinander von Mensch und Wolf. Die landwirtschaftliche Beratungszentrale AGRIDEA, das Bindeglied zwischen Wissenschaft und Bauernhof, bemüht sich um den Herdenschutz und half bis anhin beim Einsatz von Herdenschutzhunden. AGRIDEA und KORA sowie kantonale Fachstellen sorgen für Angebote, damit die Herausforderungen mit Großraubtieren bewältigt werden können. Wissen zum Umgang mit dem Wolf ist vorhanden. Man sollte erwarten dürfen, dass dieses Know-how genutzt wird, gerade von politischen Entscheidungsträgern und Verbandsfunktionären.

Links In der Natur sind Wölfe meistens unauffällig – in den Diskussionen der Menschen machen sie umso mehr von sich reden. Ofenpassgebiet, 12. Oktober 2022.

Rechts Der Wolf weckt Interesse wie kein anderes Wildtier. Dieser Hinweis auf Trittsiegel auf dem weicherdigen Weg wurde von Wanderern eingekratzt. Ofenpassgebiet, 26. Oktober 2022.

Links Die Landwirtschaft verlangt nach räumlicher Kontrolle: Schafe werden auf ihrer Weide eingezäunt und die viereckige Wiesenfläche hinten im Talgrund wird durch Mauern vom Weideland abgegrenzt. Schlappintal, 27. Juni 2023.

Rechts Der Wolf als Figur zwischen Waldrand und Gartenlandschaft: Selbst hier im Kleinen gibt es eine Demarkationslinie, die die räumliche Zuordnung festlegt und dadurch dem Grenzgänger Wolf lediglich eine Randexistenz zugesteht. Albulatal, Graubünden, 17. Juni 2023.

Links Diese Installation im Binntal, Wallis, verdeutlicht die enge Beziehung der Schafhalter zu ihren Tieren. Entgegen verbreiteten Vorurteilen ist eine Koexistenz von Schaf und Wolf möglich – unter der Voraussetzung, dass sich die Landwirtschaft anpasst. 10. Juli 2018.

Rechts Die Graue Bergziege, «Capra Grigia», ist eine seltene Schweizer Ziegenrasse, die am Ende des 20. Jahrhunderts gar vor dem Aussterben stand. Bei Übergriffen durch Wölfe auf Kulturgüter ergeben sich zusätzliche Konflikte. Val Fex, Graubünden, 15. September 2019.

NUTZTIERE UND
MENSCHEN
SCHÜTZEN
WÖLFE REGULIEREN!

Links Die Regulierung von Wölfen kann bei prosperierender Bestandsentwicklung Teil des Managements sein – allerdings nicht auf der Grundlage radikaler Gesinnung, wie sie durch solche Plakate zum Ausdruck kommt. Landschaft Davos, 19. Oktober 2023.

Rechts Verpaarte Steinadler sind ebenso wie Wolfsfamilien territorial und haben große Raumansprüche. Dadurch werden die Populationsdichten dieser Tiere – angepasst an die Lebensbedingungen – auf natürliche Weise begrenzt. Landschaft Davos, 1. September 2024.

>48'000 Unterschriften
für den
Schutz der Wölfe
Dank Herdenschutz:
55% weniger Risse
im Wallis
80% weniger Risse
in Graubünden
CAMPAX
Bis zu 200 Wölfe
sollen abgeschossen
werden. Das sind
70% des Schweizer
Wolfsbestandes.
CAMPAX

Links Inszenierung vor der Bundeskanzlei in Bern anlässlich der Übergabe von mehr als 48'000 Unterschriften gegen die geplante Wolfsdezimierung. 28. September 2023.

Rechts Ein ganz anderes Publikum am Folgetag: ein Mahnfeuer für die Weidetierhaltung und gegen die Präsenz des Wolfs. Klosters, 29. September 2023.

Links Wolfsbestände können sich rasch vermehren: Fünf Welpen balgen sich in der Kinderstube. Landschaft Davos, 28. Juli 2023.

Rechts Die Fähe F153 ist aufmerksam geworden und verharrt kurz, widmet sich aber gleich wieder ihren Jungen. Landschaft Davos, 30. Juli 2023.

Der Wolfsrüde M244 sorgt ebenso wie seine Partnerin für die Aufzucht der Welpen. Landschaft Davos, 30. Juli 2023.

Links Beim Anblick des wölfischen Familienlebens fällt es schwer, an regulatorische Abschüsse zu denken. Trotzdem können Eingriffe bei Welpen Teil des Wolfsmanagements sein. Landschaft Davos, 30. Juli 2023.

Rechts Ein Jungwolf erkundet die Umgebung aus erhöhter Position. Was für eine Perspektive zeigt sich für das weitere Leben? Landschaft Davos, 30. Juli 2023.

Das wölfische Antlitz ist mit fünfeinhalb Monaten bereits gut entwickelt und bald wird die Beurteilung des Alters schwieriger. Landschaft Davos, 15. November 2023.

Links Kulturlandschaft Davos: Das Nebeneinander von Menschen und Wölfen in diesem durch Streusiedlungen geprägten Gebiet sorgt für Diskussionen. 16. November 2023.

Rechts Eine Begegnung kurz nach Sonnenaufgang: ein Davoser Wolfswelpe im Spätherbst allein auf dem Weg ins Tageslager. Landschaft Davos, 15. November 2023.

Links Raubtier Mensch: Die proaktive Regulierung, im Wallis durch Wildhüter und ausgewählte Jäger meist von Geländefahrzeugen aus nachts vollzogen, führte binnen zwei Monaten zum Tod von elf Wölfen allein im Gebiet des Augstbordrudels. Bürchen, Wallis, 11. Dezember 2023.

Rechts Gefährliche Wanderung: Ein Davoser Jungwolf, offenbar F206, im Scheinwerferlicht meines Autos auf der Straße Richtung Flüelapass – gut drei Wochen später wurde F206 im benachbarten Unterengadin Opfer einer Kollision mit einem Zug. Landschaft Davos, 15. November 2023.

Links Ein Wolfsrüde mit 34 kg Körpergewicht, geschossen im Rahmen der durch den Bund autorisierten und von den Kantonen umgesetzten Regulierung. Albulatal, Graubünden, 28. Dezember 2023.

Rechts Der Wolf ist im Anhang II des Washingtoner Artenschutzabkommens CITES aufgeführt. Diese Vereinbarung zur Handelskontrolle ist Teil des internationalen Regelwerks zum Wolfsschutz. Eidgenössische Zollverwaltung Samedan, Graubünden, 3. Januar 2014.

Der Wolf als persönliche Herausforderung

Als Marathonläufer weiß ich, was Ausdauer bedeutet. Beim Beobachten und Fotografieren von Wölfen ist diese Eigenschaft in besonderem Maß auf die Probe gestellt worden, denn es gab lange Phasen ohne greifbare Ergebnisse. So habe ich in den Alpen zwischen November 2022 und Juli 2023 an 135 Tagen gezielte Touren unternommen, ohne einen Wolf zu erblicken.

Als Raubtiere sind Wölfe naturgemäß in geringer Zahl vorhanden, sie leben in ihren großen, zumeist bewaldeten Streifgebieten unstet da und dort, ihr Verhalten ist in der Regel heimlich. Fotos können anlässlich von Feldbegehungen frühmorgens und abends gelingen, oder aber durch stundenlanges Warten an Stellen, wo Wölfe ab und zu auftreten. Damit Begegnungen wahrscheinlicher werden, braucht es einen hohen, das heißt sehr häufigen Einsatz. Um es mit den Worten des Künstlers und Naturkenners Robert Hainard auszudrücken: «Man muss Geduld haben, so lange, bis man Glück hat.» Klaus Hackländer resümierte nicht von ungefähr: «Fotos von frei lebenden Wölfen in Europa, die nicht aus einer Fotofalle stammen, sind extrem selten.» Das gilt für Wölfe in den Alpen erst recht.

Herausforderungen, etwas trotz aller Schwierigkeiten zu meistern, haben Menschen seit eh und je gereizt, speziell auch im Zusammenhang mit Wildtieren. Peter Matthiessen sowie später Vincent Munier und Sylvain Tesson waren von den versteckt in Hochasien lebenden Schneeleoparden fasziniert. Bis sie solche zu Gesicht bekamen, bissen sie sich allerdings die Zähne aus. Bei diesen Geduldsproben, der wochenlangen, fast immer erfolglosen Suche nach dem «Geist der Berge», wie diese Großkatze manchmal genannt wird, haben sich neue Perspektiven ergeben: Die harten äußeren Bedingungen, bei denen Ruhe und Dramatik aufeinandertreffen, sensibilisierten diese Naturfreunde für tiefgründige Gedanken zum Leben und zu sich selbst. Ähnliches hat Sooyong Park auf seiner jahrelangen Suche nach dem Tiger im äußersten Osten Russlands empfunden, mehr noch, er wurde von einer Art Obsession getragen. Bei meinen Feldarbeiten zum Wolf bot sich ebenfalls Gelegenheit, das persönliche Innenleben zu beleuchten: Der eigentliche Treiber für mein Tun war das Erlebnis, in erster Linie die Spannung beim Suchen und gelegentlichen Finden. Die Aussicht auf den Kick bei den wenigen Begegnungen mit dem Objekt der Begierde sorgte für Ansporn, förderte die Motivation und stärkte so den Durchhaltewillen.

Es ist Januar 2023, annähernd Vollmond, der erste des Jahres, also Wolfsmond. Ich habe mich in den frühen Nachtstunden auf einem gut getarnten Beobachtungsposten am Ofenpass eingerichtet, bei zweistelligen Minusgraden in diverse Kleiderschichten gepackt und überdies bis zum Hals in einen Daunenschlafsack gehüllt. Vergleichbar einem Suchradar halte ich mit ewig pendelnden Kopfbewegungen eine vom Mondlicht beschienene offene Fläche ständig unter Kontrolle. Hier hatte ich Tage zuvor wiederholt Wolfsspuren entlang eines Wegs gefunden. Diese stammten von einem neu gebildeten Paar, dessen Reviergründung ich dokumentieren wollte.

Nun sitze ich stundenlang da und harre aus, stets von der Hoffnung getragen, der Wolf erscheine bald auf der Bildfläche. Zuerst ist die Erwartung aufgepeitscht; man malt sich aus, wo idealerweise Wölfe die Bühne betreten sollten. Jedes leise Knacken im nahen Wald wird erwartungsvoll als Vorbote ihres Erscheinens interpretiert. Das Auftauchen eines Fuchses im Halbdunkel löst einen Adrenalinschub aus, wenn auch nur im ersten Augenblick. Um die Stimmung hochzuhalten, genehmige ich mir nach einiger Zeit ein Stück Schokolade, das zusammen mit anderen Belohnungen so bereitgelegt worden ist, dass ich es ohne auffällige Bewegungen ergreifen kann. Ich möchte unbedingt vermeiden, dass ich durch Geraschel meine Beobachtungschancen zunichtemache. Deshalb halte ich mich bei der Zufuhr von Flüssigkeit zurück, deren spätere Ausscheidung mit der unten im Schlafsack befindlichen breithalsigen Flasche umständlich ist, meine Aufmerksamkeit untergräbt, jene der Wildtiere jedoch wecken kann. Trotz aller Vorkehrungen endet die durchwachte Nacht ergebnislos, wie üblich. Durchfroren mache ich mich auf den Heimweg.

Nach mehrfachen erfolglosen Nachteinsätzen in kurzer Folge kann sich eine gewisse Resignation breitmachen, dem menschlichen Bedürfnis nach Abwechslung entsprechend. Am meisten zu schaffen machen Enttäuschungen, zum Beispiel, wenn sich aufgrund von Spuren im Schnee herausstellt, dass man eine Wolfsbegegnung knapp verpasst hat. Oder wenn die umgehängte Kamera mit Teleobjektiv nicht rechtzeitig in Anschlag gebracht werden konnte. Das wurmt. In diesen Situationen hilft die Pflege der eigenen Gefühlswelt, positives Denken. Etwa die Erkenntnis, dass die bisher erlangten Resultate noch wertvoller erscheinen, wenn sie in eine Fülle anderweitiger Erfahrungen eingebettet sind. Und nach Stunden des Hoffens und des guten Zuredens naht irgendwann der Aufbruch, und dann heißt es im Hinblick auf die kommenden Tage: Nach dem Einsatz ist vor dem Einsatz.

Es bedarf einer gut überlegten Strategie, die Feldeinsätze so zu planen, dass man einerseits an optimal erscheinenden Standorten hinreichend lange festhält, andererseits aber dafür offen ist, andere, vielleicht besonderen Erfolg versprechende Gebiete aufzusuchen. Letztlich ist es Intuition, für welche Wege man sich entscheidet. Um dem Taktieren eine Richtung zu geben, habe ich versucht, mich in den Protagonisten hineinzudenken – so wie ich es bei früheren Projekten bereits getan habe, vorab bei den Feldarbeiten zum Thema Wilderei. So frage ich mich oft: Wenn ich ein Wolf wäre, wo und wann würde ich was tun; wo besteht das Risiko, einem Menschen zu begegnen, und unter welchen Umständen hätte dieser die Chance, mich abzulichten? Dieser Versuch, sich in das wölfische Wesen einzufühlen, schafft unweigerlich Assoziationen zur vorne erwähnten Personifizierung des Wolfs und dessen Projektion auf Menschen.

Die überhöht interpretierte Vorstellung von der Rangordnung im Wolfsrudel ist nach wie vor weit verbreitet. In Wirklichkeit sind es die Menschen selber, für die der Sozialstatus im Zentrum steht; sie möchten sich profilieren. Dies lässt sich gerade im Umgang mit dem Wolf erkennen. Seine Strahlkraft verleiht ihm Relevanz, man kann sich mit diesem Stoff publikumswirksam inszenieren, Einfluss gewinnen. Das führt zu Forderungen, Abgrenzungen, Domänen werden ausbedungen, Deutungshoheiten verlangt, Informationskanäle stillgelegt. Solche Erscheinungen zeigen sich nicht nur bei den Debatten für und wider den Wolf, sondern ebenfalls unter Personen, die mit ihm zu tun haben.

Interne Rangelei oder gar Missgunst sind bei Arbeiten an charismatischen Wildtierarten nicht ungewöhnlich. Derartiges zieht sich wie ein roter Faden durch die Biografien von Personen, die sich mit Ikonen der Wildfauna oder anderen spektakulären Themen beschäftigen. Vom bereits erwähnten Langzeitprojekt auf Isle Royale berichten Michael P. Nelson und seine Koautorenschaft, dass dessen Weiterführung mehr als einmal durch finanzielle Engpässe, unterschiedliche Standpunkte und außerdem durch Ambitionen aus dem kompetitiven Umfeld gefährdet war. Dass Letzteres mit dem hohen Prestige des Projekts und des Wolfs als Wildtier zu tun hatte, liegt auf der Hand. Ähnliches gilt für das in den 1970er-Jahren durchgeführte Abruzzo-Wolfs-Projekt von Erik Zimen, wo er und sein Kompagnon Luigi Boitani menschliche Probleme zwischen und mit rivalisierenden Vertretern der Forstverwaltung und dem dortigen Nationalpark zu spüren bekamen.

Auch ich bin von den Regungen, die bei der Beschäftigung mit dem Wolf zutage treten können, nicht verschont worden. Von solchen Schwierigkeiten lasse ich mich aber nicht entmutigen, im Gegenteil. Und überhaupt: Als Wildbiologe sollte man mit solchen Erfahrungen umgehen können, die Einbeziehung gesellschaftlicher Aspekte macht dieses Fachgebiet ja erst aus. Einschneidender, weil freiheitsbeschränkend, war die soziale Kontrolle, mit der ich fertigwerden musste. In vielen Bergtälern gehört der Wolf – nebst der Jagd – zu den Lieblingsthemen für Klatsch. Jeder und jede will möglichst über alles Bescheid wissen, insbesondere die aktuellen Aufenthaltsorte der Wölfe kennen. Um zu Stoff für das Gerede zu gelangen, ist es am einfachsten, von anderen Personen Informationen aufzuschnappen oder Indizien zu deuten. So wurde mein Fahrzeug und damit meine Anwesenheit vor Ort immer wieder registriert. Der Wolf in der Kulturlandschaft bringt zuweilen seltsame Herausforderungen mit sich. Um die Diskretion zu wahren, musste ich mein Verhalten anpassen, wie ganz zu Beginn in diesem Buch beschrieben.

In den Alpen gleichen Touren zur Wolfsbeobachtung dem sprichwörtlichen Suchen einer Nadel im Heuhaufen. Ofenpassgebiet, 11. Juli 2024.

Links Spuren im Schnee als auffälligstes Zeichen der Wolfspräsenz; der Felsblock wurde überdies mit Urin markiert. Ofenpassgebiet, 25. November 2022.

Rechts «Wo ist der Wolf?» war eine der häufigsten Fragen, die mir bei der Arbeit zum vorliegenden Buch gestellt wurden. Ofenpassgebiet, 10. November 2022.

Links Der Kolkrabe war im Feld ein regelmäßiger Begleiter bei allen meinen wildbiologischen Projekten; die gewitzten Vögel sorgten nicht selten für Abwechslung in den langen Phasen ohne Wolfskontakt. Spissertal, Österreich, 16. März 2024.

Rechts In der Natur – ebenso wie unter uns Menschen – beäugt man sich gegenseitig: ein neugieriger Rotfuchs in winterlicher Berglandschaft. Gemmipassgebiet, Wallis, 16. April 2024.

Links Jede Wolfssichtung hat mich berührt. Hier läuft die Wölfin F18 am helllichten Tag auf einem Wanderweg. Ofenpassgebiet, 19. Oktober 2022.

Rechts Wenige Sekunden später ein Zeichen des Ungestörtseins: Kotabgabe und damit Reviermarkierung an einer auffälligen Stelle.

Die Wunschvorstellung des Fotografen wurde Wirklichkeit: Bei gutem Licht traf ich die Wölfin F18 im offenen Gebirgsgelände an. Ofenpassgebiet, 19. Oktober 2022.

Links Kulturlandschaft Apennin: Die Wölfe der Alpen stammen zum weitaus größten Teil aus dieser Gebirgskette, wo die meisten Menschen das Zusammenleben mit den Raubtieren als Selbstverständlichkeit empfinden. Abruzzen, Italien, 27. Januar 2024.

Rechts Rehe am selben Ort wie links abgebildet. Die Zunahme wild lebender Huftiere im Apennin – beim Rothirsch und beim Reh durch Freilassungen angestoßen – hat die Wolfspopulation erstarken lassen und so zur Ausbreitung vorab in die Alpen geführt. 1. Februar 2024.

Links Einige Tiere dieser Rothirschherde sind aufmerksam geworden und äugen nach rechts, von wo wenige Minuten später zwei Wölfe angreifen. Abruzzen, Italien, 24. Januar 2021.

Rechts Macht viele ergebnislose Tage vergessen: Die beiden in der Abbildung links erwähnten Wölfe, unmittelbar nach dem erfolglosen Angriff, der nur wenige Sekunden dauerte und wohl dazu diente, die Hirsche als potenzielle Beuten zu testen.

Links Dieser Wolf betrat in der Abenddämmerung die Bühne, das Ufer des Lago di Barrea in den italienischen Abruzzen. Das Tier wirkte verunsichert, agierte vorsichtig, wohl bedacht, den Menschen auszuweichen. 2. Februar 2024.

Rechts Ein Wolf knackt hörbar Knochen, derweil eine Nebelkrähe zuschaut. Beutetiere werden in der Regel bis zum letzten Rest genutzt, selbst unter widrigen Umständen wie hier im tiefen Schlick. Abruzzen, Italien, 1. Februar 2024.

Derselbe Wolf wie auf dem vorherigen Foto trabt dem Ufer des Lago di Barrea entlang und verschwindet später im Wald. Wasservögel (hinten) bleiben unbeachtet, sie sind höchstens Gelegenheitsbeuten. 1. Februar 2024.

Fazit für uns Menschen

Dieses Buch versucht, das Leben von Wölfen, unseren Umgang mit ihnen und die daraus entstehenden Probleme in Wort und Bild darzustellen. Das Thema bewegt und vermag sogar die Volksseelen auseinanderzubringen. Dadurch offenbaren sich die ohnehin bereits vorhandenen gesellschaftlichen Gräben. Dabei geht es letztlich um Weltanschauungen. Wie sehen wir die Position des Menschen auf der Erde und im Universum? Sind wir die bestimmende Kraft, das Zentrum, oder betrachten wir uns als mit der Umwelt verbunden, als Teil des Ganzen? Naturwissenschaftlich ist das zweite unbestritten. Aber auch gesellschaftlich-wirtschaftlich zeigen die jüngeren Entwicklungen immer deutlicher, dass das egoistische Weiterführen menschlichen Dominanzverständnisses in die Sackgasse führt. Diese Perspektive mag in einem Buch zum Thema Wolf überspannt erscheinen, doch gibt es dafür gute Gründe.

Der Wolf als das derzeit wohl populärste, bestimmt aber am meisten diskutierte einheimische Wildtier hält uns den Spiegel vor. Er wirkt als Prüfstein für unser Naturverständnis: Die althergebrachte Haltung auf der Basis überwiegend gewinnorientierter, materialistischer Interessen versus einer auf die Zukunft ausgerichteten Position, die den Menschen in seine Um- und Mitwelt eingebettet sieht. Am integralen Ansatz sollten wir interessiert sein, denn es geht um nichts weniger als um die Sicherung unserer Existenz. Ähnlich sieht es der Wolfsexperte Kurt Kotrschal, der die Rückkehr des Wolfs mit der dringend gebotenen ökologischen Wende in Zusammenhang bringt. Die Natur gab seit je Anlass, um über das Leben zu sinnieren, in sich zu gehen. Meine Schlussfolgerung zum hier behandelten Stoff: Es braucht ein fortgesetztes Umdenken von der biblischen Hirtenkultur und der märchengeprägten Angst vor dem Wolf hin zu einem zeitgemäßen Umweltverständnis und zu einem entsprechenden ethischen Standard im Umgang mit nicht allseits beliebten Mitbewohnern. Beispielsweise so wie dies in Ladakh in die Wege geleitet wurde. Die von den Buddhisten gelebte Toleranz ist ja keine Exklusivität ihrer Weltanschauung, sondern eine Haltung, die man sich überall und in sämtlichen Lebensbelangen wünscht.

Dass Wölfe der Weidewirtschaft Probleme bereiten können, bestreitet fast niemand. Dieses Buch macht indes klar, dass der Wolf zur Kulturlandschaft gehört; er muss darin Platz haben. Wölfe haben seit unserem Sesshaftwerden, also seitdem es überhaupt vom Menschen geprägte Räume gibt, in und von unserer Nähe gelebt. Diese Tiere jetzt wegen tragbarer Nachbarschaftskonflikte aus unserer Umwelt verbannen oder hochgradig zurückdrängen zu wollen, zumal von reichen Gesellschaften mit all ihren staatlichen Unterstützungs- und Entschädigungsleistungen, widerspricht anerkannten ethischen Grundsätzen.

Das Bekenntnis zur Koexistenz von Mensch und Wolf ist eine Voraussetzung, um die Wolfsdebatte vernünftig weiterführen zu können. Die Problemlösung liegt in erster Linie bei den Maßnahmen zum Herdenschutz. Diese Form der Prävention ist – wie in diesem Buch wiederholt dargelegt – am wirksamsten. Sie kann unter bestimmten strukturellen und vor allem landschaftlichen Voraussetzungen schwierig sein, was Anpassungen bis hin zur Aufgabe von einzelnen besonders gefährdeten Weideflächen nötig machen wird. Unser Wirken in der Natur, die Kultur, war immer schon durch Weiterentwicklungen geprägt; Anpassungsprozesse lassen uns auf der Welt erst bestehen.

Für den Umgang mit Wölfen empfiehlt sich ein gleichermaßen pragmatischer wie rücksichtsvoller Ansatz. Lösungsorientiert sind optimierte Vergrämungsversuche, um Schäden verursachende oder zutraulich gewordene Wölfe zu disziplinieren, sowie ausdrücklich auch Abschüsse notorischer Übeltäter und auffälliger Tiere ohne Scheu. Und zur Umsicht gehört, dass grundsätzlich bei jedem Entscheid zur Tötung von Wölfen eine Abwägung unter fachlichen Gesichtspunkten vorgenommen wird. Bestandseingriffe ohne unmittelbare Schadensindikation müssen gut überlegt sein, denn die Konflikte könnten sich dadurch noch verschärfen. Die Größe der Wolfspopulation anhaltend unter Kontrolle zu halten, mag in unserer menschenzentrierten Welt ein Wunsch sein; die Umsetzung eines solchen Ziels ist aufwendig, und damit stellt sich die Kosten-Nutzen-Frage.

Mit gutem Willen, den heutigen Kenntnissen, Methoden und wirtschaftlichen Erleichterungen lässt sich dem «Bauernschreck» – so eine Bezeichnung für den Wolf im Buchtitel von Georg Jäger – angemessen begegnen. Deshalb wäre heutzutage aus Kreisen der Landwirtschaft weniger Empörung, sondern mehr Aufgeschlossenheit zu wünschen. Gerade angesichts der großen, unbestritten wichtigen Unterstützung der Schweizer Bergbevölkerung durch die finanzkräftigen Kantone wäre es schön, wenn Anliegen aus urbanen Kreisen in peripheren Räumen vermehrt aufgenommen würden. Es ist hier jedoch mit Nachdruck festzuhalten, dass sich nicht wenige Landwirte und Hirten nach Kräften bemühen, mit dem Wolf klarzukommen. Im Schlappintal habe ich 2023 miterlebt, was das heißt: Kilometerlange temporäre Zäune aufstellen, Nachtpferche einrichten, kopfstarke Herden führen, mit verschiedenen Hunden zusammenarbeiten, gegebenenfalls draußen bei den Tieren übernachten – dies alles bei Wind und Wetter einschließlich Schnee. So etwas ist, obschon vielfältig und spannend, nicht jedermanns Sache. Umso mehr, als der hundertprozentige Erfolg nicht garantiert ist. Denjenigen, die mit Sachverstand und Einsatzfreude ans Werk gehen, der Herausforderung standhalten, steht ein erhöhtes gesellschaftliches Ansehen mit einem attraktiven Verdienst zu.

Die mit einem lückenlosen Herdenschutz verbundenen zusätzlichen Finanzhilfen stehen in keinem Verhältnis zur bisher entfachten politischen Diskussion zum Thema und bewegen sich im Promillebereich bezogen auf sämtliche Stützungsmaßnahmen der öffentlichen Hand für die Landwirtschaft. Mit dem Wolf und der durch ihn eingeleiteten und hoffentlich fortgeführten Wende in der Schafhaltung hat der Berufsstand des Hirten oder der Hirtin, einer der ältesten überhaupt, die Chance für ein Comeback. Auch der Tourismus profitiert von einem pfleglichen, rücksichtsvollen Umgang mit der Ressource Natur. Andernorts sind Großraubtiere zum Hauptziel von Safaris geworden. So weit wird es bei uns nicht kommen, doch kann bereits das bloße Wissen um die Präsenz von Wölfen und die Erklärung des richtigen Umgangs mit ihnen Teil von eindrücklichen Ferienerlebnissen sein. Dabei besteht die Gelegenheit, den «Berglerbonus» zu pflegen, die den Gebirgsbewohnern traditionell entgegengebrachte Sympathie.

Ein Universalmittel für das reibungsfreie Zusammenleben mit dem Wolf gibt es nicht. Erfolgsfaktoren sind der Herdenschutz, ordentliche Beziehungen zwischen den Interessengruppen, die Förderung des gegenseitigen Respekts einschließlich der Aufklärung zum Wolf. Und vor allem: mehr echte Naturnähe vonseiten der städtischen ebenso wie von der ländlichen Bevölkerung. Outdoorsport oder Alpwirtschaft garantieren per se noch kein Einfühlungsvermögen in die natürlichen Vorgänge, von Verinnerlichung ganz zu schweigen. Ein integrales Naturverständnis ist meines Erachtens einer der Schlüssel für die Bewältigung unserer Zukunft. Wenn ich meine Erfahrungen zum Verhältnis Mensch–Wolf in verschiedenen Weltgegenden überblicke, zeichnet sich ab, dass es zwar ernst zu nehmende Probleme gibt, dass vieles aber durch vorgefasste Meinungen bestimmt wird. Es sind die verschiedenen Mentalitäten und ihre kulturellen Hintergründe, die den Wolf einerseits als gefährliche Bestie und andererseits als Symbol für das edle Wilde erscheinen lassen. Keine der beiden Vorstellungen ist korrekt; der Wolf in unseren Köpfen entspricht oft nicht dem wirklichen Wolf. Allgemein anerkannt sollte sein, dass *Canis lupus* Teil der einheimischen Wildfauna ist – mit ökologischen Leistungen, jedoch auch mit Konfliktpotenzial. Ich plädiere für weniger Polarisierung und mehr Gelassenheit. Der Wolf ist zurück: Wir müssen wieder lernen, mit ihm umzugehen – selbstverständlich respektvoll und fair.

Der Wolf ist – nebst dem Menschen – der wirkungsvollste Beutegreifer in mittleren und höheren nördlichen Breiten. Er fordert uns heraus, unsere Rolle in der Natur zu überdenken. Kainuu, Finnland, 23. August 2021.

Kolkraben und Wölfe bilden zusammen mit anderen Arten eine Lebensgemeinschaft: Raben nutzen Risse mit, können andere Fleischfresser aber auch auf Nahrungsangebote aufmerksam machen. Kainuu, Finnland, 24. August 2021.

Links Ein klirrend kalter Morgen am Tso Kar auf 4550 m ü. M. in Ladakh. Das ständige Leben in solcher Umgebung vertieft die Beziehung der Menschen zur Natur. 23. Februar 2023.

Rechts Ein schwarzer Himalaja-Wolf, Mitglied eines Rudels aus mehrheitlich beige gefärbten Tieren. Tso Kar, Ladakh, 21. Februar 2023.

Links Auf dem gefrorenen Indus in Ladakh: Ein von Wölfen gerissenes Jungrind, ein schmerzlicher Verlust für die lokale Bevölkerung, den sie jedoch relativ gelassen hinnimmt. Hymia, 24. Februar 2023.

Rechts Auf dem vereisten Seebecken des Tso Kar in Ladakh: Trotz Schadwirkungen wird der Wolf hier als Teil der Natur akzeptiert. 22. Februar 2023.

Links Der Wolf gehört zur einheimischen Natur. Seine Wirkungen können zur Stabilität von Ökosystemen beitragen. Landschaft Davos, 15. November 2023.

Rechts Akute Gämsblindheit: Zusätzlich zu den Einflüssen des Wolfs auf die Verteilung und den Bestand von Beutetieren ist auch seine Wirkung bei der Herausnahme kranker, schwacher Tiere zu berücksichtigen. Zernez, 3. Dezember 2023.

Links Ein Bartgeier hat die Nacht auf einem Kolkrabenhorst verbracht. Überreste von diversen Wolfsbeuten haben diesen umherstreifenden Jungvogel bis nahe zum Talgrund bei Zernez gelockt. 11. März 2024.

Rechts Nahrungskonkurrenten sind meistens unbeliebt, ob Wölfe bei Jägern oder Kormorane bei Fischern. Hintergrund ist die Wesensart vieler Menschen, ungeachtet der Folgen Herrschaftsansprüche geltend zu machen und Ressourcen allein für sich zu nutzen. Zernez, 4. April 2024.

Links Ein Elektrozaun als Spannungslinie: Die Präsenz des Wolfs löst Positionsbezüge aus, gegensätzliche Meinungen treten zutage, Konflikte entstehen, es kommt zu Abgrenzungen und so wird Politik betrieben – weit über das eigentliche Thema hinaus. Schlappintal, 17. Juli 2024.

Rechts Wolfswetter, im Italienischen «tempo da lupi» genannt. Ob sich der Nebel lichtet und die Sicht freimacht auf ein Wolfsbild, das auch das Lebensrecht einschließt und die ökologischen Leistungen würdigt? Landschaft Davos, 1. August 2023.

Hermann Hesse: «Unmeßbare Raumtiefen, Nebel und Wolken zogen darin, Gebirge dämmerten», der (Steppen-)Wolf geht um. Schlappintal, 21. Juli 2024.

Dank

Zunächst bedanke ich mich für die zahlreichen Begegnungen, die sich anlässlich meiner Feldarbeiten zum vorliegenden Buch ergeben haben. Der spontane Austausch mit Wanderern, Skitourengehern, Landwirten, Hirten, Forstleuten, Jägern und anderen Personen im Wolfsgebiet hat nicht nur meinen Erfahrungsschatz bereichert, sondern überdies zu willkommenen oder jedenfalls spannenden Kontakten geführt. Die Gespräche haben für Auflockerung in den manchmal monatelangen Phasen ohne Wolfssichtung gesorgt. Stellvertretend für alle erwähne ich Barbara Köhle und Beni Seydel, die mir vielfältige Einblicke in ihr Hirtenleben im Schlappintal gewährt haben.

Für die kollegiale Zusammenarbeit danke ich den Davoser Wildhütern Thomas Fankhauser und Thomas Hartmann, ihrem Berufskollegen Stefan Rauch aus Klosters ebenso wie den Engadiner Wildhütern Guolf Denoth und Emil Kuen. Für eine hilfreiche Nachricht, die zu einer wichtigen Bildserie führte, danke ich Nicole Naue, Hüttenwartin der Chamanna Cluozza. Bei den Aufenthalten im Wallis und im Ausland durfte ich ebenfalls auf Unterstützung zählen, zum Beispiel durch Jacopo Ursitti in den Abruzzen und Sonam Tsering in Ladakh.

Sehr verbunden bin ich Christian Marti, der erneut ein Buch von mir redaktionell betreut und dadurch wesentlich optimiert hat. Bei Urs Breitenmoser durfte ich stets Expertenwissen zu Großraubtieren abholen; er hat zudem das Manuskript kommentiert und so erheblich zur Verbesserung beigetragen. Andrea Hämmerle stand in gesellschaftlichen Fragen beratend zur Seite und hat gleich wie Pia Anderwald und Ursina Haller Manuskriptfassungen durchgesehen und wertvolle Vorschläge eingebracht. Sara Wehrli, Daniel Mettler und Ralph Manz haben einzelne Kapitel gegengelesen und verfeinert. Für den Informationsaustausch zum Himalaja-Wolf und die Überprüfung entsprechender Textstellen bin ich Geraldine Werhahn dankbar.

Matthias und Patrizia Haupt haben als Verantwortliche des Haupt Verlags meine Idee zum vorliegenden Buch spontan aufgenommen und bei der Umsetzung den hohen Qualitätsanspruch kompromisslos mitgetragen. Dieser wurde insbesondere auch durch Katarina Lang und Fred Braune erfüllt. Wie bei allen meinen Buchprojekten hat Simone Louis für ein präzises Lektorat gesorgt. Dass dieses Buch in der vorliegenden Form erscheinen konnte, wurde durch Beiträge der Zigerli-Hegi-Stiftung, des Schweizerischen Nationalparks und von Pro Natura ermöglicht; ich danke Ruedi Haller und Urs Leugger für ihr Wohlwollen. Norina von Weiler hat sich in freundschaftlicher Weise ebenfalls finanziell engagiert.

Meine Frau Heidi hat einmal mehr ein nicht alltägliches Vorhaben unterstützt, mir in manchen Belangen den Rücken freigehalten, gestalterisch mitgewirkt und mich auf abenteuerlichen Reisen begleitet: Ihr gebührt der größte Dank.

Steckbrief Wolf

Säugetiergruppe
Familie der Hunde (Canidae)

Wissenschaftlicher Name
Canis lupus

Aussehen
Sieht einem großen Hund ähnlich. Typisch sind die bernsteinfarbenen Augen, eine gerade Rückenlinie sowie der mittellange Schwanz mit schwarzer Spitze. Die Fellfarbe variiert, meist ist sie grau-braun-rötlich mit dunkleren Partien, im Norden oft sehr hell oder gar weiß, in Steppengebieten beige und in Nordamerika häufig schwarz. Das Erscheinungsbild ändert sich zwischen Sommer und Winter.

Gewicht
Über das gesamte Verbreitungsgebiet betrachtet mit 15 bis 80 kg enorm variabel. Ausgewachsene Männchen sind rund ein Fünftel schwerer als Weibchen und wiegen in den Alpen um 35 kg.

Stimme
Das charakteristische Wolfsgeheul dient der Kommunikation unter Rudelmitgliedern, markiert aber auch die Position gegenüber anderen Rudeln. Vom Welpenalter an ertönen verschiedene Lautäußerungen, dazu gehört ein kurzes «Wuffen».

Verbreitung, Gefährdung
Ursprünglich das wohl am weitesten verbreitete Landsäugetier der Welt mit großflächigem Vorkommen über die Nordhemisphäre. Andauernde Verfolgung hat in den vergangenen Jahrhunderten zu einem beträchtlichen Arealverlust geführt, so in Europa und in der südlichen Hälfte Nordamerikas. Ausgehend von Restvorkommen in Osteuropa und im Apennin wurden in den letzten Jahrzehnten weite Gebiete auf unserem Kontinent wiederbesiedelt, Tendenz anhaltend.

Lebensraum
Ganz unterschiedlich, lebt sowohl in bewaldeten Tiefebenen als auch im Gebirge und in Steppen, zum Beispiel in baumlosen Hochländern. Die Art ist äußerst anpassungsfähig, sie besiedelt verschiedenste Klimazonen und findet, sofern vom Menschen toleriert, ebenfalls in Kulturlandschaften ein geeignetes Zuhause. Bedingungen sind ein hinreichendes Nahrungsangebot und störungsarme Rückzugsgebiete.

Ernährung
Als große Beutegreifer jagen Wölfe in erster Linie wild lebende Huftiere, in den Alpen überwiegend Rothirsche, Rehe und Gämsen, in tieferen Lagen oft Wildschweine. Opportunistisch werden verschiedene Gelegenheiten zur Energieversorgung genutzt. Dazu gehören Übergriffe auf Nutztiere und die Aufnahme von Aas, Abfällen und Früchten.

Sozialverhalten
Vielseitige, hoch entwickelte Kommunikation im Familienverband, dem Rudel, und darüber hinaus. Verständigung durch geruchliche Markierung mit Urin und Kot, durch Scharren am Boden, durch die Körpersprache sowie durch Lautäußerungen. Heulen ermöglicht direkte Kontakte über größere Distanz. Rudel umfassen zwischen drei Individuen und gut einem Dutzend Tiere. Diese beanspruchen mehr oder minder exklusiv genutzte Reviere zwischen 100 und 1000 km^2, in Mitteleuropa sind es meistens 150–300 km^2. Selbstständig gewordene Jungtiere können weit abwandern, in Extremfällen 1000 km und mehr.

Fortpflanzung
Innerhalb des Rudels sorgt grundsätzlich allein das Elternpaar für Nachwuchs. Paarungszeit zwischen Januar und März; nach einer Tragzeit von gut zwei Monaten werden gewöhnlich 3–8 Junge in einem Erdbau geboren. Solche Wurfhöhlen sind bevorzugt ruhig gelegen.

Lebensspanne
Geschlechtsreif in der Regel mit knapp zwei Jahren. Die Lebenserwartung beträgt wegen vielfältiger Todesursachen einschließlich innerartlicher Kämpfe nur wenige Jahre. Zehnjährige Tiere gelten bereits als alt.

Literatur: Quellen und vertiefende Beiträge

In der folgenden Gliederung wurde auf Mehrfachnennungen verzichtet, die Publikationen werden der passendsten Rubrik zugewiesen.

Allgemein zum Wolf

Anders, H. (2019): Das Leben unserer Wölfe: Beobachtungen aus heimischen Wolfsrevieren. Haupt, Bern.

Baumgartner, H., S. Gloor, J.-M. Weber & P.A. Dettling (2008): Der Wolf: ein Raubtier in unserer Nähe. Haupt, Bern.

Bibikow, D.I. (1988): Der Wolf: *Canis lupus*. Die Neue Brehm-Bücherei 587. A. Ziemsen, Wittenberg Lutherstadt.

Bloch, G. & E.H. Radinger (2017): Der Wolf kehrt zurück: Mensch und Wolf in Koexistenz? Kosmos, Stuttgart.

GWS – Gruppe Wolf Schweiz. https://www.gruppe-wolf.ch; besucht 01.09.2024.

Hackländer, K. (Hrsg.) (2019): Der Wolf: im Spannungsfeld von Land- & Forstwirtschaft, Jagd, Tourismus und Artenschutz. Leopold Stocker, Graz.

Hackländer, K. (2020): Er ist da: der Wolf kehrt zurück. Ecowin, Salzburg.

Heurich, M. (Hrsg.) (2019): Wolf, Luchs und Bär in der Kulturlandschaft: Konflikte, Chancen, Lösungen im Umgang mit großen Beutegreifern. Ulmer, Stuttgart.

KORA – Raubtierökologie und Wildtiermanagement. https://www.kora.ch/de/arten/wolf/; besucht 01.09.2024.

Kotrschal, K. (2014): Wolf Hund Mensch: die Geschichte einer jahrtausendealten Beziehung. Piper, München.

Kotrschal, K. (2022): Der Wolf und wir: wie aus ihm unser erstes Haustier wurde – und warum seine Rückkehr Chancen bietet. Brandstätter, Wien.

Mech, L.D. (1970): The wolf: the ecology and behavior of an endangered species. Natural History Press, New York.

Mech, L.D. & L. Boitani (Hrsg.) (2003): Wolves: behavior, ecology, and conservation. University of Chicago Press, Chicago.

Moser, A. (in Vorb.): Wölfe – näher als lieb? Eine Recherche zum Wesen von Wölfen, Hunden und Menschen. Typoskript.

Okarma, H. & S. Herzog (2019): Handbuch Wolf. Kosmos, Stuttgart.

Peterson, R.O. (2007): The wolves of Isle Royale: a broken balance. University of Michigan Press, Ann Arbor.

Robin, K. & B. Allgöwer (Hrsg.) (2018): Wolf: eine Annäherung. Veröff. Natur-Museum Luzern 17.

Smith, D.W., D.R. Stahler & D.R. MacNulty (Hrsg.) (2020): Yellowstone wolves: science and discovery in the world's first national park. University of Chicago Press, Chicago.

Verein CHWOLF. https://chwolf.org/; besucht 01.09.2024.

Vogt, K., M. von Arx, R. Manz, F. Zimmermann, F. Kunz & U. Breitenmoser (2020): 25 Jahre Wolf in der Schweiz: eine Zwischenbilanz. KORA Ber. 91.

Vucetich, J.A. (2021): Restoring the balance: what wolves tell us about our relationship with nature. Johns Hopkins University Press, Baltimore.

Zimen, E. (1980): Der Wolf: Mythos und Verhalten. Fischer, Frankfurt a. M.

Zum Kapitel «Der wilde Hund ist zurück»

Brandenburg, J. (2000): Bruder Wolf: das vergessene Versprechen. 2. Aufl. Tecklenborg, Steinfurt.

Chapron, G., P. Kaczensky, J.D.C. Linnell, M. von Arx, D. Huber, H. Andrén, J.V. López-Bao, M. Adamec, F. Álvares, O. Anders, L. Balčiauskas … & L. Boitani (2014): Recovery of large carnivores in Europe's modern human-dominated landscapes. Science 346: 1517–1519.

CIPRA (2015): Wolf oder Leben! https://www.cipra.org/de/news/wolf-oder-leben; besucht 01.09.2024.

D'Amicis, B. (2015): Tempo da lupi. Orme, Roma.

Dettling, P.A. (2021): Wolfsodyssee: eine Reise in das verborgene Reich der Wölfe. 2. Aufl. Werd & Weber, Thun/Gwatt.

Gomille, A. (2017): Deutschlands wilde Wölfe. 2. Aufl. Frederking & Thaler, München.

Haller, H. (2022): Der Kolkrabe: Totenvogel, Götterbote, tierisches Genie. Haupt, Bern.

Mech, L.D., L.G. Adams, T.J. Meier, J.W. Burch & B.W. Dale (1998): The wolves of Denali. University of Minnesota Press, Minneapolis.

Murie, A. (1944): The wolves of Mount McKinley. Fauna of the National Parks of the United States. Fauna Ser. 5.

Plüss, M. (2023): Was denken eigentlich die Krähen über uns? Das Magazin 9 vom 4. März 2023: 8–17.

Rautiainen, L. (2013): Wölfe: in Finnlands wilden Wäldern. Tecklenborg, Steinfurt.

Savage, C. (1994): Wölfe: Verhalten und Lebensweise in faszinierenden Bildern. Gerstenberg, Hildesheim.

Verein Schweiz zum Schutz der ländlichen Lebensräume vor Grossraubtieren (VSLvGRT). https://www.vsl-grt.ch/; besucht 01.09.2024.

Zum Kapitel «Eigenschaften des Wolfs»

Anderson, T.M., B.M. vonHoldt, S.I. Candille, M. Musiani, C. Greco, D.R. Stahler, D.W. Smith, B. Padhukasahasram, E. Randi, J.A. Leonard, C.D. Bustamante … & G.S. Barsh (2009): Molecular and evolutionary history of melanism in North American gray wolves. Science 323: 1339–1343.

Biebach, I. & L. Keller (2011): Gene erzählen die Geschichte vom Steinwild. Mitt. Naturforsch. Ges. Bern 68: 129–137.

Colorado State University (2020): Ecological effects of wolves. Information sheet 8.005. https://extension.colostate.edu/docs/pubs/predator/08005.pdf; besucht 01.09.2024.

Dziech, A. (2021): Identification of wolf-dog hybrids in Europe: an overview of genetic studies. Front. Ecol. Evol. 9: 760160.

Jędrzejewski, W., M. Apollonio, B. Jędrzejewska & I. Kojola (2011): Ungulate–large carnivore relationships in Europe. S. 284–318 in: R. Putman, M. Apollonio & R. Andersen (Hrsg.): Ungulate management in Europe: problems and practices. Cambridge University Press, Cambridge.

KORA: Längste bekannte Wolfs-Wanderung Europas. https://www.kora.ch/de/aktuell/laengste-bekannte-wolfs-wanderung-europas--551; besucht 01.09.2024.

KORA: Das Nahrungsspektrum der Wölfe in der Schweiz. https://www.kora.ch/de/aktuell/das-nahrungsspektrum-der-woelfe-in-der-schweiz--687; besucht 01.09.2024.

Krause, J. & T. Trappe (2020): Die Reise unserer Gene: eine Geschichte über uns und unsere Vorfahren. Ullstein, Berlin.

Kupferschmid, A.D. & K. Bollmann (2016): Direkte, indirekte und kombinierte Effekte von Wölfen auf die Waldverjüngung. Schweiz. Z. Forstwes. 167: 3–12.

Lehoczki, F., A. Andics, A. Kershenbaum, E. Kubinyi, D. Passilongo, H. Root-Gutteridge, F. Range, V. Palacios Sánchez, L. Schmidt, S.W. Townsend, S.K. Watson & T. Faragó (2023): Genetic distance from wolves affects family dogs' reactions towards howls. Commun. Biol. 6: 129.

Lyngdoh, S., B. Habib & S. Shrotriya (2020): Dietary spectrum in Himalayan wolves: comparative analysis of prey choice in conspecifics across high-elevation rangelands of Asia. J. Zool. 310: 24–33.

Ripple, W.J. & R.L. Beschta (2012): Trophic cascades in Yellowstone: the first 15 years after wolf reintroduction. Biol. Conserv. 145: 205–213.

Schenkel, R. (1947): Ausdrucks-Studien an Wölfen: Gefangenschafts-Beobachtungen. Behaviour 1: 81–129.

Senckenberg Gesellschaft für Naturforschung (2024): Von Deutschland nach Spanien: weiteste Wanderung eines Wolfs nachgewiesen. Pressemeldung vom 4. März 2024. https://www.senckenberg.de/de/pressemeldungen/von-deutschland-nach-spanien-weiteste-wanderung-eines-wolfs-nachgewiesen/; besucht 01.09.2024.

Werhahn, G. (2019): Phylogeny and ecology of the Himalayan wolf. Diss. University of Oxford.

Werhahn, G., N. Kusi, X. Li, C. Chen, L. Zhi, R. Lázaro Martín, C. Sillero-Zubiri & D.W. Macdonald (2019): Himalayan wolf foraging ecology and the importance of wild prey. Glob. Ecol. Conserv. 20: e00780.

Werhahn, G., Y. Liu, Y. Meng, C. Cheng, Z. Lu, L. Atzeni, Z. Deng, S. Kun, X. Shao, Q. Lu, J. Joshi … & H. Senn (2020): Himalayan wolf distribution and admixture based on multiple genetic markers. J. Biogeogr. 47: 1272–1285.

Zum Kapitel «Vorkommen des Wolfs in Raum und Zeit»

Amt für Jagd und Fischerei Graubünden (2021–2023): Jahresberichte. https://www.gr.ch/DE/institutionen/verwaltung/diem/ajf/grossraubtiere/publ/Seiten/Publikationen.aspx; besucht 01.09.2024.

Amt für Jagd und Fischerei Graubünden (2022–2024): Quartalsberichte Grossraubtiere. https://www.gr.ch/DE/institutionen/verwaltung/diem/ajf/grossraubtiere/publ/Seiten/Publikationen.aspx; besucht 01.09.2024.

Arlettaz, R., G. Chapron, M. Kéry, E. Klaus, S. Mettaz, S. Roder, S. Vignali, F. Zimmermann & V. Braunisch (2021): Poaching threatens the establishment of a lynx population, highlighting the need for a centralized judiciary approach. Front. Conserv. Sci. 2: 665000.

Beaufort, F. de (1987): Le loup en France: éléments d'écologie historique. In: M. Artois & P. Delattre (Hrsg.): Encyclopédie des carnivores de France 1. Société Française pour l'Etude et la Protection des Mammifères.

Breitenmoser, U. (1998): Large predators in the Alps: the fall and rise of man's competitors. Biol. Conserv. 83: 279–289.

Breitenmoser, U., R. Bürki, T. Lanz, M. Pittet, M. von Arx & C. Breitenmoser-Würsten (2016): The recovery of wolf *Canis lupus* and lynx *Lynx lynx* in the Alps: biological and ecological parameters and wildlife management systems. KORA Ber. 70.

Bretscher, K. (1906): Zur Geschichte des Wolfes in der Schweiz. Neujahrsbl. Naturforsch. Ges. Zürich 108.

Brunetti, R. (1984): Distribuzione storica del lupo in Piemonte, Valle d'Aosta e Canton Ticino. Riv. Piem. St. Nat. 5: 7–22.

Brunies, S. (1948): Der Schweizerische Nationalpark. 4. Aufl. Benno Schwabe, Basel.

Bundesamt für Umwelt BAFU (2020): Der Wolf in der Schweiz. Faktenblatt, 27. Februar 2020. file:///Users/HHaller/Downloads/faktenblatt-jagdgesetz-wolf.pdf; besucht 01.09.2024.

Davos (1958): Landbuch der Landschaft + Hochgerichtsgemeinde Davos. Landschaft Davos, Gemeinde.

Dufresnes, C., C. Miquel, P. Taberlet & L. Fumagalli (2019): Last but not beast: the fall of the Alpine wolves told by historical DNA. Mamm. Res. 64: 595–600.

Etter, T.M. (1992): Untersuchung zur Ausrottungsgeschichte des Wolfes (*Canis lupus* L.) in der Schweiz und den benachbarten Gebieten des Auslandes. Dipl.arb. Abt. Forstwirtsch., ETH Zürich.

Haller, H. (1992): Zur Ökologie des Luchses *Lynx lynx* im Verlauf seiner Wiederansiedlung in den Walliser Alpen. Mammalia depicta 15 (Beih. Z. Säugetierkd.).

Haller, H. (2016): Wilderei im rätischen Dreiländereck: grenzüberschreitende Recherchen mit einer Spurensuche bis nach Tibet. Nat.park-Forsch. Schweiz 105/I. Haupt, Bern.

Haller, H., A. Eisenhut & R. Haller (Hrsg.) (2013): Atlas des Schweizerischen Nationalparks: die ersten 100 Jahre. Nat.park-Forsch. Schweiz 99/1. Haupt, Bern.

Haller, H., T. Rempfler & P. Anderwald (2019): Zwei Jahre Wolfspräsenz im SNP: eine Bilanz. Cratschla 1/2019: 12–15.

Kommission für die wissenschaftliche Erforschung des Nationalparkes (Hrsg.) (1966): Durch den Schweizerischen Nationalpark: ein wissenschaftlicher Führer. P. Attinger, Neuchâtel.

KORA: F07 – die älteste Wölfin der Schweiz. https://www.kora.ch/de/aktuell/f07-%E2%80%93-die-aelteste-woelfin-der-schweiz--532; besucht 01.09.2024.

KORA: Rudel in der Schweiz. https://www.kora.ch/de/arten/wolf/verbreitung#d1b981ae6d52de14f7fab044f13f65f9-2; besucht 01.09.2024.

Louvrier, J., C. Duchamp, V. Lauret, E. Marboutin, S. Cubaynes, R. Choquet, C. Miquel & O. Gimenez (2018): Mapping and explaining wolf recolonization in France using dynamic occupancy models and opportunistic data. Ecography 41: 647–660.

Marucco, F., I. Reinhardt, E. Avanzinelli, F. Zimmermann, R. Manz, H. Potočnik, R. Černe, G. Rauer, T. Walter, F. Knauer, G. Chapron & C. Duchamp (2023): Transboundary monitoring of the wolf Alpine population over 21 years and seven countries. Animals 13: 3551.

Vecellio, L. (2022): L'ultimo lupo grigio nel Bellunese, abbattuto nel 1929 in Comelico: la conferenza del professor Semenzato sul ritorno del predatore sulle Alpi. https://www.qdpnews.it/comuni/bellunese/lultimo-lupo-grigio-nel-bellunese-abbattuto-nel-1929-in-comelico-la-conferenza-del-professor-semenzato-sul-ritorno-del-predatore-sulle-alpi/; besucht 01.09.2024.

Werhahn, G., L.M. Hennelly, S.J. Lyngdoh, B. Habib, S. Viranta & S. Shrotriya (2024): Himalayan wolf, *Canis lupus* ssp. *chanco*. The IUCN Red List of Threatened Species 2024. e.T223987824A258477123. https://www.iucnredlist.org/species/223987824/258477123; besucht 01.09.2024.

Wolf Alpine Group (2014): Wolf population status in the Alps: pack distribution and trends up to 2012. https://lciepub.nina.no/pdf/635422311267073434_WAG_report_2014.pdf; besucht 01.09.2024.

Wolf Alpine Group (2023): The wolf Alpine population in 2020–2022 over 7 countries. Technical report for LIFE WolfAlps EU project LIFE18 NAT/ T/000972, Action C4. https://www.lifewolfalps.eu/wp-content/uploads/2023/05/C4_WAG_Deliverable_C4_2020_2022.pdf; besucht 01.09.2024.

Zum Kapitel «Wolfsprojektionen in den Köpfen der Menschen»

Ahne, P. (2022): Wölfe. Naturkunden 27. 3. Aufl. Matthes & Seitz, Berlin.

Böhme, K. (2007): Wolf und Mensch in der Geschichte. Teile 1–3. Schweizer Jäger 5, 6 und 7/2007: 6–12, 6–13 und 6–13.

Convery, I., P. Davis, K. Lloyd, O.T. Nevin & E. van Maanen (Hrsg.) (2023): The wolf: culture, nature, heritage. Boydell Press, Woodbridge.

Ekman, K. (2023): Wolfslichter. Piper, München.

Frank, E. (2023): Vom Umgang mit einem multiplen Tier: eine Ethnografie wölfischer Präsenz in der Schweiz. Zürcher Beitr. Alltagskultur 29. Chronos, Zürich.

Frank, E. & N. Heinzer (2022): Wölfe in der Schweiz: eine Rückkehr mit Folgen. Hier und Jetzt, Zürich.

Gessner, C. (1563): Thierbuoch: das ist ein kurtze bschreybung aller vierfüssigen Thieren, so auff der erde und in wassern wonend, sampt jrer waren conterfactur. Christoffel Froschower, Zürych.

Grefen-Peters, S. & H.R. Sennhauser (2007): Der Wolf von Müstair. S. 219–226 in: H.R. Sennhauser (Hrsg.): Müstair, Kloster St. Johann. Bd. 4: naturwissenschaftliche und technische Beiträge. Vdf, Zürich.

Heimhalt, L. (2023): Video sorgt für Wirbel: Wölfe in WEF-Nähe gesichtet. https://www.blick.ch/schweiz/graubuenden/video-sorgt-fuer-wirbel-woelfe-in-wef-naehe-gesichtet-id18242113.html; besucht 01.09.2024.

Heinzer, N. (2022): Wolfsmanagement in der Schweiz: eine Ethnografie bewegter Mensch-Umwelt-Relationen. Zürcher Beitr. Alltagskultur 28. Chronos, Zürich.

Hesse, H. (1971): Der Steppenwolf. Suhrkamp, Frankfurt a. M.

Hohler, F. (1982): Die Rückeroberung: Erzählungen. Luchterhand, Darmstadt.

Huber, J., M. von Arx, R. Bürki, R. Manz & U. Breitenmoser (2016): Wolves living in proximity to humans: summary of a first enquiry on wolf behaviour near humans in Europe. KORA Ber. 76.

Knörer, E. (2002): Der Werwolf von Mercantour. https://www.perlentaucher.de/mord-und-ratschlag/der-werwolf-von-mercantour.html; besucht 01.09.2024.

Langwald, D. (2002): Faszination Wolf: Erlebnisse, Geschichten und Sagen aus aller Welt. V.F. Sammler, Graz.

Linnell, J.D.C. & J. Alleau (2016): Predators that kill humans: myth, reality, context and the politics of wolf attacks on people. S. 357–371 in: F.M. Angelici (Hrsg.): Problematic wildlife: a cross-disciplinary approach. Springer, Cham.

Linnell, J.D.C., E. Kovtun & I. Rouart (2021): Wolf attacks on humans: an update for 2002–2020. NINA Rep. 1944.

Mathieu, J. (2023): Warum gilt der Wolf als Verkörperung der Wildnis? Zur Amerikanisierung des europäischen Naturschutzes am Beispiel der Schweiz. Schweiz. Z. Geschichte 73: 163–179.

Nau, Nachrichtenportal (2020): Ex-Skistar Paul Accola will im Zürichsee Krokodile aussetzen. https://www.nau.ch/sport/wintersport/ex-skistar-paul-accola-will-im-zurichsee-krokodile-aussetzen-65771371; besucht 01.09.2024.

Sonam, K., R. Dorjay, M. Khanyari, A. Bijoor, S. Lobzang, M. Sharma, S. Suresh, C. Mishra & K.R. Suryawanshi (2022): A community-based conservation initiative for wolves in the Ladakh Trans-Himalaya, India. Front. Ecol. Evol. 10: 809817.

Tschudi, F. von (1860): Das Thierleben der Alpenwelt: Naturansichten und Thierzeichnungen aus dem schweizerischen Gebirge. 5. Aufl. J.J. Weber, Leipzig.

Vargas, F. (2022): Bei Einbruch der Nacht: Kommissar Adamsberg ermittelt; der 2. Fall. Blanvalet, München.

Zum Kapitel «Die Berglandwirtschaft und der Wolf»

AGRIDEA (2023): Jahresbericht Herdenschutz Schweiz 2022. https://www.protectiondestroupeaux.ch/fileadmin/doc/Berichte/Jahresberichte/Agridea/Jahresbericht_HS_2022_def_DE_fca..pdf; besucht 01.09.2024.

Amt der Tiroler Landesregierung (2023): Weg zu rascher Entnahme frei – Tirol sagt Risiko- und Schadwölfen den Kampf an. https://www.tirol.gv.at/meldungen/meldung/weg-zu-rascher-entnahme-frei-tirol-sagt-risiko-und-schadwoelfen-den-kampf-an/; besucht 01.09.2024.

Berce, T. & R. Černe (Hrsg.) (2020): Prevention of damages caused by large carnivores in the Alps. Joint report: Large carnivores, wild ungulates and society working group (WISO) of the Alpine Convention and the project LIFE WolfAlps EU. https://www.alpconv.org/fileadmin/user_upload/Organisation/TWB/WISO/WISO_Annex1_Prevention-of-damages-caused-by-large-carnivores-in-the-Alps_20200921.pdf; besucht 01.09.2024.

Bundesamt für Umwelt BAFU (2019): Vollzugshilfe Herdenschutz: Vollzugshilfe zur Organisation und Förderung des Herdenschutzes sowie zur Zucht, Ausbildung und zum Einsatz von offiziellen Herdenschutzhunden. https://www.bafu.admin.ch/bafu/de/home/themen/biodiversitaet/publikationen-studien/publikationen/vollzugshilfe-herdenschutz.html; besucht 01.09.2024.

Bundesamt für Umwelt BAFU (2022): Kriterienliste des BAFU zur Bezeichnung von «nicht zumutbar schützbaren» Alpen. file:///Users/HHaller/Downloads/Kriterienliste_UV-1902-D_Herdenschutz2022-3.pdf; besucht 01.09.2024.

Bundesamt für Umwelt BAFU (2023): Der Wolf in der Schweiz. Faktenblatt, 1. November 2023. https://www.newsd.admin.ch/newsd/message/attachments/83765.pdf; besucht 01.09.2024.

Fehr, M. (2023): Marderschaden: kleiner Biss, grosser Ärger. https://www.axa.ch/de/ueber-axa/blog/mobilitaet/maderschaden-marder-fahrzeugschaden.html; besucht 01.09.2024.

Grente, O. (2021): Understanding the depredation process in grey wolf (*Canis lupus*) and its interactions with lethal measures: focus on the French Alpine Arc. Diss. Université Montpellier.

Kusi, N., C. Sillero-Zubiri, D.W. Macdonald, P.J. Johnson & G. Werhahn (2019): Perspectives of traditional Himalayan communities on fostering coexistence with Himalayan wolf and snow leopard. Conserv. Sci. Pract. 2: e165.

Lehmann, P. & B. Stopp (2012): Schaf. Historisches Lexikon der Schweiz HLS. https://hls-dhs-dss.ch/de/articles/013947/2012-01-13/; besucht 01.09.2024.

Meier, V., G. Leitinger, J. Walde & E. Tasser (2024): Wolf-related damage in livestock management: long-term data analyses in Saxony, Germany. Glob. Ecol. Conserv. 54: e03031.

Mettler, D., R. Lüthi, S. Reinhart & A. Schiess (2021): Sichere Übernachtungsplätze für behirtete Kleinviehherden. CDP News 22: 12–18.

Mettler, D., H. Willems, C. Gazzarin, A. Sulig, S. Dörig & R. Lüthi (2025): Handbuch Schafalp: von Hirten, Herden und Hunden. Zalpverlag, Mollis.

Pro Natura (2022): Wölfe in der Schweiz: die Lösungen sind bekannt, jetzt ist die Politik gefragt. https://www.pronatura.ch/de/2022/die-fakten-zum-wolf-der-schweiz; besucht 01.09.2024.

Reach Ladakh Bulletin (2020): Predators kill 133 livestock in 3 days: lynx kills 42 sheep and goats, wolf 50 pashmina goat kids, while a snow leopard 39 sheep/goats in Changthang. https://www.reachladakh.com/news/social-news/predators-kill-133-livestock-in-3-days; besucht 01.09.2024.

Singer, L., X. Wietlisbach, R. Hickisch, E.M. Schoell, C. Leuenberger, A. Van den Broek, M. Désalme, K. Driesen, M. Lyly, F. Marucco, M. Kutal … & D. Wegmann (2023): The spatial distribution and temporal trends of livestock damages caused by wolves in Europe. Biol. Conserv. 282: 110039.

Straub, U. (2023): Rund drei Prozent der Schafe kehren nicht mehr heim/Todesursache Nummer 1: Unfall und Krankheit. Südostschweiz 236 vom 10. Oktober 2023: 1/3.

Straub, U. (2024): Sind die Schafe nicht im Pferch, schlägt der Wolf zu. Südostschweiz 97 vom 26. April 2024: 3.

Vogt, K., D. Derron-Hilfiker, F. Kunz, L. Zumbach, S. Reinhart, R. Manz & D. Mettler (2022): Wirksamkeit von Herdenschutzmassnahmen und Wolfsabschüssen unter Berücksichtigung räumlicher und biologischer Faktoren. KORA Ber. 105.

Willim, C. (2023): Jagd auf Wolf erleichtert: Tirol erklärt alle Almen zum Schutzgebiet. https://kurier.at/chronik/oesterreich/jagd-auf-wolf-erleichtert-tirol-erklaert-alle-almen-zum-schutzgebiet/402381141; besucht 01.09.2024.

Zum Kapitel «Wolfspolitik in der Schweiz»

Behr, D.M., A. Ozgul & G. Cozzi (2017): Combining human acceptance and habitat suitability in a unified socio-ecological suitability model: a case study of the wolf in Switzerland. J. Appl. Ecol. 54: 1919–1929.

Binkert Becchetti, G. (2023): Umfahrung Sta. Maria – die unendliche Geschichte … Engadiner Post 120 vom 12. Oktober 2023: 2.

Braun, J. (2024): Der böse Wolf sorgt die Bündner sehr. Südostschweiz 197 vom 24. August 2024: 5.

Bruns, A., M. Waltert & I. Khorozyan (2020): The effectiveness of livestock protection measures against wolves (*Canis lupus*) and implications for their co-existence with humans. Glob. Ecol. Conserv. 21: e00868.

Bundesamt für Umwelt BAFU (2023): Konzept Wolf Schweiz: Vollzugshilfe des BAFU zum Wolfsmanagement in der Schweiz. Stand 2023. https://www.bafu.admin.ch/bafu/de/home/themen/biodiversitaet/publikationen-studien/publikationen/konzept-wolf-schweiz.html; besucht 01.09.2024.

Canid Specialist Group, IUCN (2023): Wolf management plans of Switzerland. Schreiben an den Gesamtbundesrat der Schweizerischen Eidgenossenschaft vom 21. November 2023. https://canids.org/app/images/IUCN-Canid-SG-Letter-to-the-Swiss-Government-about-Wolf-Management-21-November-2023.pdf; besucht 01.09.2024.

Der Bundesrat, das Portal der Schweizer Regierung (2023): Wolf: Bundesrat setzt präventive Rudelregulierung in Kraft. https://www.admin.ch/gov/de/start/dokumentation/medienmitteilungen.msg-id-98407.html; besucht 01.09.2024.

Dettling, P.A. (2023): Von illegalen Störaktionen und krimineller Wilderei zwischen den Rheinquellen & dem Calanda. http://peterdettling.com/wp-content/uploads/2023/06/Wilderei-Bericht-FINAL.pdf?fbclid=IwAR3HzCeVUfnNM1olJAJGc2fHm7dMWxK9In4gU3LbLptNhiyPrZhLf33iPcA; besucht 01.09.2024.

Elbroch, L.M. & A. Treves (2023): Perspective: why might removing carnivores maintain or increase risks for domestic animals? Biol. Conserv. 283: 110106.

Hatlauf, J. & K. Hackländer (2022): Wildtiermanagement – Wolf: vergleichende Bestandsszenarien für den Wolf in der Schweiz und Handlungsvorschläge für ein praxisorientiertes Wolfsmanagement in den Schweizer Gebirgskantonen. Projektber. Inst. Wildbiol. und Jagdwirtsch., Universität für Bodenkultur Wien. https://boku.ac.at/fileadmin/data/H03000/H83000/H83200/Publikationen/2022_09_22_Wolfsmanagement_Schweiz_IWJ.pdf; besucht 01.09.2024.

Imbert, C., R. Caniglia, E. Fabbri, P. Milanesi, E. Randi, M. Serafini, E. Torretta & A. Meriggi (2016): Why do wolves eat livestock? Factors influencing wolf diet in northern Italy. Biol. Conserv. 195: 156–168.

KORA: Bekannte tote Wölfe in der Schweiz seit 1998. https://www.kora.ch/de/arten/wolf/verluste; besucht 01.09.2024.

Kuijper, D.P.J., M. Churski, A. Trouwborst, M. Heurich, C. Smit, G.I.H. Kerley & J.P.G.M. Cromsigt (2019): Keep the wolf from the door: how to conserve wolves in Europe's human-dominated landscapes? Biol. Conserv. 235: 102–111.

Kuoni, P. (2023): Vieles dreht sich um den Wolf. Südostschweiz 223 vom 25. September 2023: 5.

Laikre, L., F.W. Allendorf, J. Aspi, C. Carroll, L. Dalén, R. Fredrickson, C. Hansen Wheat, P. Hedrick, K. Johannesson, M. Kardos, R.O. Peterson … & J.A. Vucetich (2022): Planned cull endangers Swedish wolf population. Science 377: 162.

Liberg, O., G. Chapron, P. Wabakken, H.C. Pedersen, N.T. Hobbs & H. Sand (2012): Shoot, shovel and shut up: cryptic poaching slows restoration of a large carnivore in Europe. Proc. R. Soc. B 279: 910–915.

Norer, R. (2024): Wolfsmanagement im Alpenraum: Rechtsfragen zwischen Artenschutz und Weidehaltung. Dike, Zürich.

Pinto, C. (2023): Die Wolfsjagd könnte in letzter Minute verhindert werden. SonntagsZeitung 48 vom 26. November 2023: 5.

Schnidrig, R., C. Nienhuis, R. Imhof, R. Bürki & U. Breitenmoser (Hrsg.) (2016): Wolf in the Alps: recommendations for an internationally coordinated management. KORA Ber. 72.

Straub, U. (2023): Feldforscher vermutet Wilderei von Wölfen/Wölfe illegal beschossen – Kantonspolizei ermittelt. Südostschweiz 141 vom 20. Juni 2023: 1/3.

Treves, A., M. Krofel & J. McManus (2016): Predator control should not be a shot in the dark. Front. Ecol. Environ. 14: 380–388.

Wehrli, S. & D. Gerke (2024): Wie steht es um den Wolf in unseren Nachbarländern? Pro Natura Magazin 3/2024: 20–22.

Yuskavitch, J. (2015): In wolf country: the power and politics of reintroduction. Rowman & Littlefield, Guilford.

Zum Kapitel «Der Wolf als persönliche Herausforderung»

Kupferschmid-Enderlin, F. (2022): Der Luchs gibt dem Wald seine Seele zurück. Pro Natura Magazin 1/2022: 17.

Matthiessen, P. (2004): Auf der Spur des Schneeleoparden. 2. Aufl. Frederking & Thaler, München.

Munier, V. & S. Tesson (2019): Zwischen Fels und Eis: auf den Spuren der letzten Schneeleoparden in Tibet. Knesebeck, München.

Nelson, M.P., J.A. Vucetich, R.O. Peterson & L.M. Vucetich (2011): The Isle Royale wolf–moose project (1958–present) and the wonder of long-term ecological research. Endeavour 35: 30–38.

Park, S. (2017): The great soul of Siberia: in search of the elusive Siberian tiger. William Collins, London.

Tesson, S. (2021): Der Schneeleopard. 4. Aufl. Rowohlt, Hamburg.

Zum Kapitel «Fazit für uns Menschen»

Jäger, G. (2023): Der Wolf als Bauernschreck und Jagdobjekt: historische Streifzüge durch Österreich. Kral, Berndorf.

Ein spielerischer, spaßig anmutender Abgang: Jungwölfe des ersten neuzeitlichen Wurfs auf Gebiet der Gemeinde Klosters rennen auf einem Altschneefeld um die Wette. 21. Juli 2024.

Zum Buch

«Der Wolf: ein Grenzgänger zwischen Natur und Kultur» schildert diese gleichermaßen populäre wie umstrittene Wildtierart in all ihren Facetten. Ausgehend von den Alpen und der Schweiz wird dieser wirkungsvolle und faszinierende Beutegreifer in Wort und Bild dargestellt. Erlebnisse und Aufnahmen zum Wolf und seiner Begleitfauna aus anderen, zum Teil weit entfernten Verbreitungsgebieten erweitern die Perspektive und laden zu Vergleichen ein.

Wölfe sind in den letzten Jahrhunderten bei uns ausgerottet worden, jetzt sind sie wieder nach Mitteleuropa zurückgekehrt. Sie greifen manchmal Nutztiere an und sorgen dadurch für Diskussionen und politischen Zündstoff. Solche Ereignisse und ihre Verarbeitung waren immer schon Teil unserer Kulturgeschichte und haben das Bild des angeblich bösen Wolfs geprägt. Heute sind gangbare Wege für eine Koexistenz von Mensch und Wolf bekannt, grundlegend ist der Herdenschutz. Auf dem politischen Parkett wird derweil das Thema Wolf aufgebauscht und zur Profilierung eingesetzt. Die gesellschaftlichen Hintergründe werden in diesem Buch ebenso behandelt wie die ökologischen Aspekte.

Die Debatten zeigen, dass trotz hoher Verfügbarkeit von Informationsmaterial die Aufklärung zum Wolf nötig bleibt. Dies geschieht hier auf sachlicher, fächerübergreifender Grundlage. Das Lebensrecht des Wolfs ist unantastbar, sein Beitrag zur Biodiversität, seine ökologische Rolle, gilt es gebührend zu würdigen. Andererseits muss sich das Schadensausmaß für die Landwirtschaft in Grenzen halten. Vernünftige Lösungen setzen voraus, dass die gegenwärtige Polarisierung in der Wolfsfrage überwunden und die Diskussion sachbezogen weitergeführt wird.

Zum Autor

Heinrich Haller, geboren 1954, ist Biologe und beschäftigt sich seit über 50 Jahren mit Wildtieren, vor allem mit der Populationsökologie übergeordneter Beutegreifer in den Alpen. Auf seine Lizentiatsarbeit über den Uhu an der Universität Bern folgten ebenda eine Dissertation zum Steinadler und an der Universität Göttingen eine Habilitationsschrift zum Luchs. Von 1996 bis 2019 war er Direktor des Schweizerischen Nationalparks. In dieser Zeit verfasste er Bücher zum Rothirsch und zum Thema Wilderei. Die Rückkehr der großen Beutegreifer hat das berufliche Leben von Heinrich Haller begleitet. Er hat das Auftreten des ersten Nationalparkwolfs und die Gründung der Rudel in Davos und Klosters dokumentiert und setzt seit seiner Pensionierung einen Schwerpunkt in der Wissensvermittlung, auch mithilfe der Fotografie. Der viel beachtete Bild-Text-Band «Der Kolkrabe» (1. Auflage 2022, 2. Auflage 2023) gab den Anstoß zum vorliegenden Werk im selben Stil.

Der Wolf als Grenzgänger, hier an einer Eingangspforte zum Schweizerischen Nationalpark. Innerhalb dieses streng geschützten Wildnisgebiets sind die Wölfe in Sicherheit, außerhalb droht ihnen wegen Übergriffen auf Nutztiere der Abschuss. Ofenpassgebiet, 11. September 2024.